B
o

书籍

BOOK
DESIGN

装帧设计

（第二版）

邱承德　邱世红◎编著

d e s i g n

o

k

 文化发展出版社
Cultural Development Press

内容提要

　　本书将书籍设计按照字体、插图、版式、封面、宣传设计进行分类讲解，每个设计理念都结合图示、图片以及图例阐释，图文并茂，理论联系实践，条理性强且循序渐进，是一本理论和实例相结合的实用教材。书中引用各国经典图例，有很浓重的文化艺术气息，是现今艺术图书市场上较少的具有学术风格的著作。

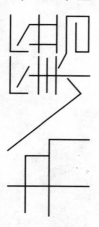

图书在版编目(CIP)数据

书籍装帧设计/邱承德,邱世红编著. -2版 -北京:文化发展出版社,2013.1
ISBN 978-7-5142-0754-5

Ⅰ.书… Ⅱ.①邱… ②邱… Ⅲ.书籍装帧－设计 Ⅳ.TS881

中国版本图书馆CIP数据核字(2012)第288115号

责任编辑：艾　迪		责任校对：郭　平	
责任印制：孙晶莹		责任设计：王斯佳	

出版发行：文化发展出版社（北京市翠微路2号 邮编：100036）
网　　址：www.wenhuafazhan.com
经　　销：各地新华书店
印　　刷：北京玺诚印务有限公司
开　　本：787mm×1092mm　　1/16
字　　数：175千字
印　　张：14.625
印　　次：2016年12月第2版　2016年12月第4次印刷
定　　价：56.00元
Ｉ Ｓ Ｂ Ｎ：978-7-5142-0754-5

如发现印装质量问题请与我社发行部联系
发行部电话：010-88275710

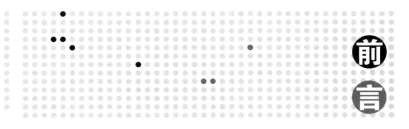

前言

　　《书籍装帧设计》一书，经过"十月怀胎"终于一朝分娩了，是否吻合另类教学需求，期待读者、学子信息反馈。在编写之前倒是研究了一下成人设计艺术教育的教学大纲，为此又加上了一些商业插图方面的内容，其实在欧美艺术学院的书籍装帧和广告装潢、插图艺术、版画艺术……都一概归入平面设计系统(GRAPHICS DESIGN)，所以在书籍装帧艺术里放点广告内容也不至于不伦不类，似乎也顺理成章与世界同步。当今瑞士出版一本艺术设计刊物，内容包罗万象，有书籍艺术、包装标志、版面插图、广告招贴，书名就是GRAPHICS。

　　书籍装帧方面的教材，近年来各大学装潢美术系都编辑出版过一些，大都适应正规本科教材，至于成人教育、高职教学应该怎么编著才对口，也只能摸石头过河，从教学实践中摸索了。编者以编一本本、专科均适合的教材，总想在知识性上拓宽领域，因之在本书第二章古今中外书籍沿革上多花了些笔墨，使读者、学子全面了解书籍的昨天、今天和明天。然历史有惊人的相似之处，上古时代的非纸质书龟甲、石碑、简册、缣帛经过几千年的历史变革，在第三个千禧年来临之时，又回归为录音、录像、光碟、网络等。自从汉代我国蔡伦发明纸张，有了纸质书至今还有其存在之价值，还不至于立即消亡，书籍装帧还得往纵深，往精致处开拓、挖掘。即使是非纸质的光盘和网页，还得靠装帧设计师来创意画面的装潢。可见DESIGN是不会销声匿迹的，不会泯灭的。本书每个章节都在阐述设计问题，封面、插图、版式、藏书票、广告都与设计一词须臾不可分隔，在当今世界设计艺术比纯艺术更有发展前程，因为它密切关注人们的衣食住行等日常生活，而且"设计是为明天而存在"（日本龟仓雄策语）它须天天新、月月新、年年新，不断地创新。

本书又在书中附上部分彩色图例，虽经尽力搜编一些高层次的优秀作品，但由于见识有限，挂一漏万、良莠杂陈，又限于篇幅，故不能将佳作一一刊印。好在随着中国社会主义新经济时代的来临，文化出版产业日益旺盛，书市、书城、书店遍布全国大街小巷，中外平面设计精美的专题参考图书资料汗牛充栋，读者学子可自行选择补充不足。若此书能给你捎去快乐与知识，那么编者夜以继日的劳动也能获取一丝欣慰了。

邱承德

二〇〇七年四月

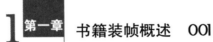

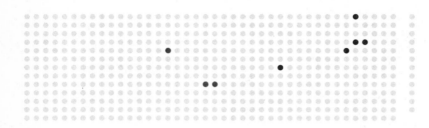

7 第七章 非纸质书与藏书票的设计 141

8 第八章 书籍的宣传 153

人民文学出版社《腹地》 邱陵设计

腹 地

第一章　书籍装帧概述

　　书籍装帧是一门有鲜明特色的艺术门类，它与商品广告的区别是因为它更富有书卷气，虽然书也属商品，但它冠以文化的头衔。在德国、捷克等国家的艺术设计学院里，书籍装帧作为一门学科来培养学生除了学习绘画基本功、封面、插图装帧设计技法外，还要在印刷工厂、出版机构进行实践实习。正因为装帧不仅是为赤裸书芯包一张封面，而且要对一门以书籍形态、内涵、工艺为载体的艺术进行研究，譬如：书籍外观的护封、材质、内页的字体、插图、版式都需要有一个整体的策划和创意设计。另外，书籍独特的平面视觉媒体与其他姐妹艺术有不同的审美方式、美学要求，由于装帧艺术是应用艺术不是纯艺术（FINE ART），它的美学观应考虑审美性、艺术性，与功能性、舒适性。故曰书籍装帧有其特异的艺术特征，要使千万受众通过书的封面、扉页、环衬、插图、编排等形式构成，产生愉悦的审美心理感应。装帧外观应引起受众注目，从而对该书本产生好感、亲近感，进而产生阅读欲望，最终达到购买占有的梯级反应程序。总之，让受众从"认知"到"认同"进而到"认购"的全过程，书籍装帧艺术的魅力就显得格外重要了。

第一节

书籍，人类文明的*延续*

图1-1 伏尼契著《牛虻》封面
李恒辰设计

　　书籍是人类文明进步的伟大手段之一。人类智慧的积累、流传、延续，依靠各种形式的书——甲骨刻辞、铜器铭文、石碑简册、丝帛树皮、纸草泥板、蜡板贝叶，代代留传后世。书籍又是教育、宣传、信息的媒体。通过书刊来传播文化知识、沟通思维、促进人类社会精神文明、物质文明的发展。我国古代有一位吴骞，他在《藏书印记》中有句话"寒可无衣，饥可无食，至于书不可一日失"，这句话有点夸张，但至少说明书对人的重要性。另外，也有一则古人垂训，谓"书犹药也，善读之可以医愚"，每一个人从幼年开始就接触书，逐年加码，从幼儿读物、小学课本、中学教材到大学教程，书籍给人们知识与力量，鼓舞我们树立正确的人生观、价值观。俄国的奥斯特洛夫斯基拜读了英国作家艾·丽·伏尼契写的《牛虻》，对他一生投入革命洪流，起了很大影响。中国的一批革命先行者又读了奥斯特洛夫斯基写的《钢铁是怎样炼成的》这部不朽之作，受到极大鼓舞，参加浴血的抗日战争、解放战争。中外古今不少伟大人物终生与书籍交了朋友而净化了自己的灵魂。以高尔基为例，这位俄国20世纪初的文学家，从小就有强烈的、如饥似渴的读书欲望，并爱书如命，年轻时他在船上打工，一次船舱着了火，他首先抢救书籍，几乎因此被烧死。他曾说过："书籍一面启示我的智慧与心灵，一面帮着我在一片烂泥塘里站了起来，如果没有书籍的话，我就沉没在这片泥塘里，我就被愚蠢和下流淹死。"中国宋朝诗人黄山谷说过:"三日不读,便觉语言无味,面目可憎。"古谚中也有:"闲居足以养志,至乐莫若读书。"宋朝朱熹说得更直截了当:"若不读书,便不知如何而能修身、齐家、治国。"又说:"唯学为能变化气质耳"。可见读书是一种文明的显现。德国法西斯杀害犹太人的"达豪集中营"的大门口,在石碑上镌刻着17世纪一位哲人的预言:"当一个政府开始烧书的时候,如不加以阻止,那么它下一步就是焚烧活人。"野蛮的法西斯焚书坑儒,杀戮良民,灾难是深重的。健康的书籍是世界文明进步的保护神。书籍作为人类精神食粮有无比的必要性、重要性。能从事书籍艺术工作、书籍装帧工作,把自己的青春年华贡献给美化书的事业,是非常有益人类的事。

图1-2 《2008年北京奥运会申请报告》 北京理想设计艺术公司设计

从书籍装帧总体含义上来说,没有装帧就不存在书籍,每一本书都离不开装帧。书籍装帧另一层含义是装饰美化书籍,保护书籍,使书牢固延续后世。如果轻视书籍装帧,书籍将缺乏美感,丑陋不堪。空白封面的书是极其简陋且令人嘲蝻的。

很多年轻人往往不加区别书籍封面和书籍装帧,认为装帧就是"装订"。也有人认为封面设计就是装帧设计。固然,装订、封面设计都是装帧中的一部分,但不是装帧的全部。有些书的封底左角把封面设计印成装帧设计×××,这是不太贴切的。"书籍装帧"是由"书籍"和"装帧"两个名词构成在一起的专门名词。"装帧"一词,英文是BINDING & LAYOUT,是指构成书籍的必要物质材料和全部施工流程的总和。有了装帧设计才形成了书籍的形态,于是也有了"书籍装帧"这个名词。为了说明白这个意思,可用服装做比喻:"服装"是构成蔽体衣着的必要物质材料和全部缝纫工程的总和,当各种面料和各项缝裁工作各自独立存在的时候,不可能产生服装,而没有服装也就没有蔽身防寒的衣着。再用建筑做比喻:"建筑"是构成房屋的必要物质材料和全部施工流程的总和,当砖瓦水泥、钢材玻璃各种材质和起重机施工活动各自独立存在的时候，无所谓建筑。同样，在出版方面，如果各种物质材料和各项印制工艺各自独立存在，也不能出现装帧。没有装帧也就没有书籍。所以"书籍装帧"的含义并不是只指书籍的某一具体物质材料或某一项工艺流程，而是指构成书籍的各部位的必要材质和各项工艺流程的全部内涵。那么，如何使互不相关的各项物质材料和各项不同工艺有次序地、理想地汇合起来，这就必须事先提出方案和图纸，策划和构思，这个工作过程就是"装帧设计"。没有事先酝酿设计，也不可能有工艺流程和生产活动。没有装帧设计，也无所谓装帧活动。装帧设计者把作家一叠叠原稿作为自己工作的基础，在此基础上构思如何采用材料，采用何种印刷工艺，使书籍出版后，能在物质和精神功能上完美融合，在使用和欣赏价值上理想结合，也就是人们常说的书籍装帧设计的思想性和艺术性。优秀的装帧设计一方面要给读者以美感，另一方面在陶冶情操上也有积极作用。

书籍装帧设计的基本概念，就是在书籍出版之前，预先制定装帧的整体和局部，材料与工艺、思想与艺术、外表与内涵诸因素的全套方案，使开本、封面、护封、书脊、环衬、扉页、插图、字体、印刷、装订、编排等环节，形成一个和谐的整体。所以封面、护封设计，插图创作，版面编排仅仅是书籍装帧设计工序中的一环，并不包含装帧设计的全部内涵。

顺便提一下"装帧设计"与"装帧艺术"在概念上也不能混同。装帧设计方案和图纸，不能称它为装帧艺术，只有当方案上、图纸上的设想通过广大印刷装订工人的生产活动，形成了装帧实体——书籍，这才谈得上"书籍装帧艺术"。当然，第一步是装帧设计家把自己的艺术才华、美术修养、表现技巧、专业知识体现在设计方案上和图纸上，这是首位的，然后第二步，通过印刷装订工人师傅精湛的工艺技术，才能体现出设计家所预想的装帧艺术效果来，两者缺一都不可能有装帧艺术的出现。

图 1-3 《中华大藏经》
伍端端设计 中华书局

第二节

书籍装帧的定位

　　一个出版社的生产业务是为了出版书籍。要出书，首先要请作家提供书稿，这是书籍的第一原料。文字编辑室的任务是从确定选题、组织稿源、审核文稿、修正加工，出色完成一系列的工序，是为了获取书籍的第一原料。可以说书稿是书籍之魂，必须严格细腻地进行整理加工。这是一项思想性、技术性、责任心很强的工作。但编辑、整理、加工妥当的书稿并不等于书籍。要使蛹变成蝶，要使书稿变成书籍，还要由另一个部门来完成这项工作，这个部门是"装帧设计"。由它来决定书籍开本，选定第二原料——纸张、面料，设计封面、护封、插图、版式，即书稿到书籍形成之间的第二环节——装帧设计。装帧乃书籍的形式，它可根据不同书稿的内涵、属性决定书的面貌形态。书的内容和形式能不能浑然一体、相得益彰，这就要看装帧设计家有没有这样的才华与修养了。

　　可见"装帧设计"仅仅是出版一本书的第二环节，它仍是纸上谈兵。装帧设计后的方案、图纸要付之实施，必须有第三个环节，就是组织书籍生产工作，这是由出版部门来负责的。它根据书稿和装帧设计图稿，安排至印刷厂，组织打字、校对、印刷、装订、调配纸张、面料来完成书籍的出版，所以出版社出版书籍，实际上要经过三个主要环节：第一步是文字编辑室组稿、改稿、提供"原料"；第二步是由装帧设计室作出书籍的造型、色彩、纸张规划；第三步由出版部门组织书籍印刷生产。现在可以具体明白：装帧设计在整个出版工作中是第二个环节，处在承前启后的中间阶段。

图1-4 《三希堂法帖》 王祖珍设计 黑龙江人民出版社

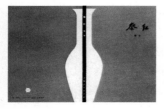

图1-5 《祭红》章桂征设计
时代文艺出版社

图1-6 《神曲》 陶雪华设计
上海译文出版社

　　针对第二环节，装帧设计者一方面要全面思考，从立意、构思到形象的表现，到设计图纸的完稿，并考虑如何合理使用各种材质和工艺技术。同时要在设计中考虑经济核算，正因为读者对每一本书的要求是多方面的，不仅要内容健康、形式臻美，还须经济实惠。当然作为装帧设计者在考虑节省成本、经济廉价时，不能因此而偷工减料，妨碍创造性的设计活动。这两者虽相悖但又要相辅相成、和谐统一，不应该把二者对立起来。一位聪颖的设计家，在立意构思的时候，必然考虑到成本和工艺，以最适宜的经济开支完成最完美的装帧效应。在书店里可以看到一些书的装帧，采用了珍贵材质和复杂的工艺，但并不一定是最贴切最完美的装帧。有些装帧工作者不懂得物质和工艺应服从立意和构思的需求，譬如：一本普及的民间艺术集，封面用了锦锻绣品，加上金黄的电化铝烫金，富丽堂皇。乍一看似乎挺棒，仔细翻阅内容，令人感到内容和形式不协调，风马牛不相及，如同民间的小家碧玉让她穿上金缕玉衣，雍容华贵。书籍是文化，应有书卷气，是有文化性的商品。书籍装帧一定要体现出这个特色、品位，尽可能做到内容与形式的高度和谐，具有文化的气质。

有人说："形式服从内容，形式服从功能。"但形式还要先于内容，先于功能。当设计家注重装帧形式美的同时要考虑其是以内容和功能作为基础的。然而形式本身一定要让人产生美感，这就必定会考虑装帧形式的美。老画家张仃教授回忆幼年过旧历年家里忙着发面蒸馒头时谈到："当时我最满意的差使，是母亲给调一个胭脂棉花碟，用根筷子，蘸着胭脂，向新出笼的馒头上，一个个打红点，雪白的馒头上，鲜红的圆点，煞是好看，引得老少欢喜，无形中增添了不少新年的气氛。从实用观点来看，红点子并不能吃，也不能给馒头增加一丝香甜，它只是一种点缀，满足人们一点美感上的要求，不这样就似乎秃秃荒荒，缺少些什么，不像过年的样子。"

图 1-7 《冬天》诗集
章西厓设计

可见形式美也是很重要的，如同思想性和艺术性应该是统一的一样，形式的好坏有时起到极大作用。法国画家马蒂斯（MATISSE）一次给爱伦堡（I·EILENBURG）看两只非洲艺人用象牙雕刻愤怒的象，爱伦堡喜欢其中的一只。马蒂斯问他有没有看出什么古怪的地方，他摇了摇头，马蒂斯就对他说，那只使他感到欢喜的象连同鼻子一起把门牙也举了起来，这就给了它生动的表情。马蒂斯冷笑着说："有一个傻瓜说门牙是不能往上举起的。"非洲艺人听了他的话就做了另一只，这只门牙地位很对，可是艺术性也就没了。因之，形式和内容要辩证地统一起来。一本书常常是首先从形式上吸引打动读者，产生"一见钟情"的魅力，当然还要有"耐人寻味"的余香，这就要看立意和构思的妙处了。一本书是不能离开装帧设计的，古代还没有发明纸的时候，文字刻在龟甲上，写在竹简上，用麻绳串起来，这是最原始的书，从而就有了最古老的装帧形式。随着发明纸张与活字印刷，将文字印在纸页上，然后用线订合在一

图 1-8 《数学系统逻辑设计》
赵兴隆设计

图 1-9 《朵朵葵花朝太阳》韩
心茹设计

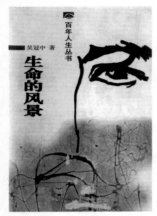

图1-10 《百年人生丛书》封面
　　　　王晖设计

起称为"线装书"。可见书要依靠装帧成形，没有装帧就没有书籍。命名为"书"，就牵涉到开本、封面、封底、装订、精装、平装、内文编排、版面、版心、纸张材质等构成一本书的主要形式因素，加上护封、书脊、环衬、扉页、插图、尾花、字体选择等设计，都隶属于装帧范畴。随着高新技术的发展，书的形式也在演变，录音带、录像带、VCD出版物、电脑网络……都可称之为书，这里就暂不涉及了。封面在众多形式因素当中是最首当其冲的，好比一个人的脸面，但绝不能代表书籍装帧的总体。

但是，装帧形式毕竟是从属于书的内容的，开本、封面、色彩、材质、手法以及风格都要依据书的内涵、性质、对象来思考。一本文艺诗集，封面应该像诗一般臻美含蓄，引人入胜；一本少儿读物，就得如寓言童话一样比拟夸张，富有童趣；一本科学技术书籍，就得有超前意识和现代化氛围。不能设想假如所有的书都千人一面、千篇一律，出自一副模子，这样的"书籍装帧"只能令人窒息。譬如，传统京剧的服饰，它服从于各个行当角色的性格，但它又协助体现不同行当角色的性格。它本身的造型美和装饰美是无可非议的，它是京剧服饰，同时又是艺术品。书籍装帧也有类似之处，装帧首先要保护书，延续书的寿命。为了功能性，但又要讲究实用中的艺术性。出色的书籍装帧就像京剧服饰行头，本身体现独特的艺术价值，是精湛的艺术品，在服从书籍内涵的大前提下，书籍装帧也可以大显神通，在形式上独树一帜。

书籍装帧与工艺

　　书籍装帧设计，仅仅完成了整本书籍装帧过程的一半，还要依靠印刷、装订工艺制作来实现。离开纸张、材料、制版、印刷、装订这些工艺流程，就称不上书籍装帧。在这一点上太像汽车工业，有了汽车设计图纸，还要靠材料、设备、工人来体现，它是一项集体的、社会性的事业，书籍装帧也是一项集体性、社会性的工程。西方现代出版的书籍，它的装帧越来越依赖新材料性能、肌理的发挥，由工艺性的精密来显露装帧艺术的真善美，可见装帧材质也是形象因素，高级涂料纸、布纹纸、透明PVC、皮革、漆布、壁纸，以及压模、上光、UV①工艺、凹凸立体效果等，均可显示书籍的不同外形、不同风格、不同品位，也反映一个国家的文化层次和高新技术水准。我国书籍装帧自改革开放以来有突飞猛进的发展，但与先进的欧美诸国相比，尚有滞后之处，更大程度上是在工艺制作上的滞后，印刷制版的质量暂不论及，目前国内尚缺少专门针对装帧材料和工艺的研究所，也缺乏专门制作装帧材料的工厂。有的书籍装帧家在设计《云南民族民间叙事诗》的精装本时，挑选不出精装布脊材料，只得到百货公司去物色面料凑合使用，真有"巧妇难为

---

① UV是封面印制新工艺，指在印好的封面上覆盖一种透明油墨，该油墨材质油光透明，手感光滑，这种印制工艺称"UV"。UV油墨是一种非色彩油墨，无色透明，一般加印在普通油墨之上，能产生光滑、磨砂、水裂纹、皱褶纹等装饰图形，显示一种新奇的视觉效果。

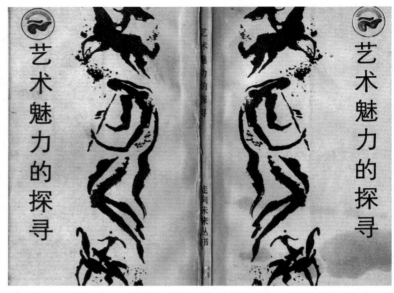

图 1-11 《艺术魅力的探寻》佚名　四川人民出版社

无米之炊"之感。也有解决得好的，如四川人民出版社，该社出版的书颇有"大家气派"，可以与北京、上海争雄。主要得益于妥善解决装帧材料和印刷工艺的质量，出版社领导亲自抓书籍装帧材质、印制工艺，并不认为装帧仅仅是装帧设计者的分内事。需要调动出版社内各部门的力量，特别是印刷厂工人师傅，四川人民出版社是把书籍文化当作一项社会性、集体性的事业来抓的，才获取了出色的成绩。

图 1-12 《窦娥冤》封套　邱承德设计

　　事实上，往往有些书籍装帧设计十分理想，十分精美，但因为设计者对制版印刷没有足够的重视，结果造成出版的书籍内外并不完美，功亏一篑；相反，也有些设计看来一般，平淡如水，经过精心制版、考究印刷，却取得良好效果，看来关键在于装帧设计和制版印刷之间的相互协调，密切配合，才能相得益彰。我国是世界上最早发明印刷术的国家，木制活字印刷也早于他国，曾创造了独特的东方线装书艺，但我国当前的印刷工艺、设备与世界先进水平相比，尚有差距，设备老化，油墨低质，实在是"非不能也，乃不为也"。在商品经济日益强化的今朝，人们生活消费的观念已由吃、穿、用转化为用、穿、吃，对书籍的需求也由低档向中高档层次发展。高档品位总是伴随着精美绝伦的外表，而粗糙简陋的形象会使人联想到质地的低俗，人们容易被光洁挺括的外壳、肌理和考究的印刷装订所吸引，进而对图书质量有一种信任感，铜版纸加压膜的书籍颇受读者青睐就是一例，这种审美心理不容忽视。

图 1-13 《樱花》封面
郑在勇设计

|思考题|

1. 请区别书籍装帧和装订概念的不同。

2. 你所知晓的中外先哲关于书与人生的格言箴语有哪些？

3. 请举例阐述艺术作品中"形式与内容"两者的关系。

|作业|

临摹两幅你最喜爱的文学书籍的封面，尺寸按原大小临写。

中国古代甲骨刻辞（公元前 11 ～前 12 世纪）

第二章　书籍的雏形和演变

2

　　书是人类传播知识、交换经验、思维的工具，人类社会自古至今之所以能持续发展，绵延不断，其"接力棒"就是书籍。由于有了古书的记载，才使今天的人们知晓数千年前的历史，世界上已开化的民族都有自己的书籍历史。中华民族历史悠久，文化灿烂，书籍也有3500 多年历史了。

第一节

文字的起源

　　书是文字的载体，谈起书就要先了解文字的起源。书籍产生的首要条件是文字，有了文字才萌生出书籍的雏形，各民族都有自己的语言和文字及其不同发展的历史，但是不论是非洲埃及或是亚洲中国，没有文字的时期都不存在书籍。

　　人类曾经有过一段漫长的无文字时期，在那个时代，沟通思想、传播知识仅靠语言，上古时代许许多多知识、技艺和事迹，就在漫长的口耳相传的过程中被遗忘歪曲了。为了帮助正确记忆，备忘遗漏，人类在生产、生活实践中曾探索出一些方法，即利用实物以唤起人们的记忆，它为人类创造文字、创造书籍奠定了基础，开辟了道路。

一、结绳记事

　　上古的人曾经采用各种各样的物体来帮助记忆，在中国主要是用绳子打结来记事，后人称它为"结绳记事"。

　　结绳就是把绳子打成各种大小、各种款式的绳结，大家约定以不同的绳结来表示不同的事。日久天长，绳子的长短、打结的多寡、形体的色泽，就具有了一定的含义，这样，一串绳结就代表着一定的意义和思想理念，结绳就成了沟通思维和传播事件的工具了。

　　结绳可以远传到境外，绵延至后代，这就比单纯依赖语言传诵方便得多，是文明史上的一大进步。

我国在未有文字的蒙昧时代就运用结绳记事，这在古书上有明确的记载。战国时期的一本书里就屡屡提到上古结绳的事，如《易·系辞》里记有"上古结绳而治，后世圣人易之以书契"就明明白白道出了结绳是文字的先河。

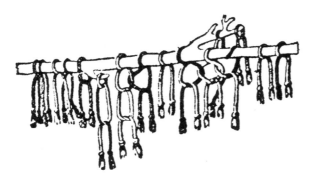

图 2-1　结绳记事

除了结绳外，人们还用镂刻来协助记忆、做备忘录、刻画符号帮助记忆已有悠久年代了，西安半坡村所发现的仰韶文化的彩陶纹饰上常常刻画着简单而又整齐的符号，这些符号可以理解为一种记事的方法，这种方法大概是后来产生文字的滥觞吧！另外有些民族则在木板上刻画符号来备忘记事，云南省博物馆也曾收集到佤佤族的一根早年传代木板，木板两侧刻着许多缺口刀痕，深的表示重大事件，浅的表示细小事件，在每年秋季第一次吃新稻米的时间，全村老少聚集一起，由一位长老拿出木板向大众解说所记的大小事件，这样就将村庄历史，口耳相传地延续下来。其他各国民族也有类似的木刻备忘方法，例如要记住牧场上面的羊群数字，或者仓库里大麦粉的袋数，人们往往用一根木棍，在上面刻上横纹代表数目。

除了结绳和木刻以外，人们还曾利用各种各样物件，如树枝、羽毛、花草、贝壳等来传递自己的思想、语言。在各民族的生活中，一定的物件，一定物件的形体、色彩等往往具有一定的公认的意义，可以代替直接的语言，成为交换思想的信息工具，我国少数民族也还有保留这种通信方法的，例如云南景颇族青年男女，在恋爱期间，常把他们所熟悉的各种树叶，顺次包扎起来，用花线捆成一束，送给对方，作为信件，云南省博物馆也收藏了许多这样的"叶子信件"；又如苗族，在未制定文字以前，也还用一根细木条，一头掰开夹着两片鸡毛、一小节火绳和两只红辣椒，作为一封通报紧急事件的信函；汉族所用的鸡毛信，也反映出历史上曾有过类似的习俗，可见利用实物表达思想的习俗，在文字产生之前，是持续相当一段时期的。

二、实物说话

除了绳结和树叶之外，还有别的更简单的方法，一样可以传递信息。在印第安人的习俗中，如果一个部落要向另一个部落宣战，它只要送给对方一支矛和一支箭就可以了，因为接到了这样一份有血腥气的、不寻常的礼品，对方就会明白是什么含义了。相反，如果为了向对方求和，那么可以送一根烟筒和烟叶，因为烟筒和烟叶象征和平。相传当部落酋长双方谈判议和条件的时候，就围坐在一堆篝火的四周，其中一个酋长开始点燃起烟筒，吸了一口后递给旁边的一个，旁坐的吸了一口传给下一个，这样轮流递过去，大伙都吸了一口，这样议和就开始了。

在没有文字之前，人们老是用各种实物代表文字，从前俄罗斯南部有一个斯西德民族。一天，斯西德人送一封信给波斯人，这封信里面有：一只鸟、一只老鼠、一只青蛙和五支箭。这封用实物组合的信，其含义是：波斯人，你们会像鸟儿那样高飞吗？你们会像鼠儿那样钻洞入土吗？你们会像青蛙那样在田野上跳跃吗？要是你们不能，就休想和斯西德人打仗，你们一踏进我们的领土，我们的箭就会把你们一个个都射死。在漫长的人类历史中，人们都是依靠物件来传递情意的，从物件说话过渡到文字说话，这中间相隔几千年啊！

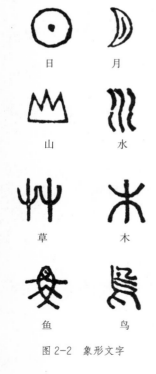

日　　月

山　　水

草　　木

鱼　　鸟

图 2-2　象形文字

三、图画文字

当人们习惯于用实物来表达思想、传递情意以后，人们又逐步发现另一种表达思想情意的方式，即用代表实物的图形来达到表达思维情感的目的。

图 2-3　史前时代的洞穴壁画

人类早在旧石器时期（PALEOLITHIC）就会画图画，而且非常生动逼真，图形不仅能表示具体的实物，还能表示动作、行为。比如画了一匹野鹿和一个手执弓箭的人，就可以表示狩猎射箭的动态，图画的表达力比结绳、树叶等要强得多，因此随着岁月变迁，图画也就逐渐被原始人类用来作为表达思想、代替语言的工具。上古茹毛饮血、栖身洞穴时期，长毛象和野鹿成群结队地出没，那时人类已经懂得在洞穴壁面上刻画各种动物形象，他们所描绘的野兽和猎人都惟妙惟肖。

图 2-4　美国苏必利尔湖岩画文字

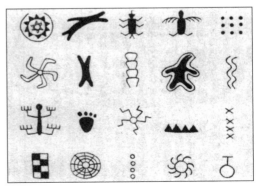

图 2-5　非洲原始洞穴图形

图 2-6　快脚鹿墓碑画

洞穴壁画是漫长没有文字的旧石器时期，19世纪在西班牙发现阿尔塔米拉（ALTAMIRA）洞穴壁画，在洞穴顶部，墙面上画着野牛和其他动物，其精彩熟稔程度，可称是旧石器时期最优秀的杰作。由于壁画画技高超，因此当时无人相信是旧石器时期的画，直到1902年，即发现此壁画23年后，考古学家们又根据不断发掘出的其他壁画的考证才对此画给予确认。

当然，这些图画还不能算是文字，而且也不是历史的记录，不过距离文字的产生已为时不远了。在美国苏必利尔湖（LAKE–SUPERIOR）的岩石上有一幅岩画，石面上刻有5条独木舟，里面乘坐51个人，还有白马、乌龟、鹰和蛇等，这是一幅画成图的历史，虽没有文字但含义是明确的。意思是说：有51个美洲印第安人在渡湖，骑白马的人大概是酋长，乌龟、鹰、蛇等动物代表各部落的图腾。这个故事叙述印第安人部落的一次远征，船里的人是渡到死亡国去的敢死队战士，有三个太阳三条弧线表示这次渡湖一共花费三日三夜的时间。这幅岩石画被考古学家破译为语言文字，明确了它表达的意思并由此诞生出原始的象形文字。在印第安人的坟墓前也能看见一些石碑，这石碑上刻着鸟兽动物。例如有块石碑上面刻着鹿，从这里明白死者的生平历史：死者的姓名叫"快脚鹿"或诸如此类。

从上述传说故事可以了解，图画原本是一件具体事物的形象，当人们习惯于用这些图画来表达一定思维之后，图画就逐渐变为非具体事物形象的精确描绘，而渐渐简化为符号图形。当人们一见这些符号图形就可联想意会它们所表示的含义，这样这些符号就成为人们头脑里某种概念，由此就出现了原始的文字思维。

四、拼音文字

古代埃及人用图画当作文字，最后遇到一些困难，因此，埃及人渐渐创造出了字母。埃及人原来就有几百个象形文字，

这些象形字有的当作一个词来用，有的当作一个缀音来用。在
埃及语言里有很多单音词，如"嘴"发音为RO、"蓆"发音为
PUI、"地方"发音为BUO。但到了后来嘴的象形字，不仅代
表"嘴"，而且当作了"R"这个声母；蓆子的象形字，不仅代
表蓆子，而且当作了"P"这个声母；"地方"的象形字，也不
仅代表地方，还可当作"B"这个声母。因此随着时间的推移，
一部分象形字就变成拼音符号了。可能是埃及人对于使用拼音
符号到底还是感觉不方便，所以一面采用新法，一面仍保留他
们的旧习惯，他们往往在一个拼音符号旁边，再加上一个图形。
比如"TH"这个符号是表示"书"的，可能是埃及人老是在这
个符号边上画上一本书；"AN"的意思是一条鱼，但这符号边
上往往再画上一条鱼。埃及人舍不得象形字，不仅是由于习惯
成自然，却还有别的因素，原来埃及的语言和中国的语言一样，
单音的词很多，要是完全用拼音符号来写，那么多词写出来完
全会变个样子，所以为了避免错认，许多记号的边上，必须再
加上个象形字才好。埃及人虽然创造了拼音文字，可是并没有
创造真正的字母，发明真正的字母的是闪米特族部落。闪米特
族把它们改成了简洁的符号，这样就产生了现代拉丁字母的滥
觞。但这最初的字母，依然没有脱离象形的痕迹，闪米特族腓
尼基人称"公牛"为"ALEPH"，所以画了一个牛头，就成了
字母"A"；"房屋"叫"BET"，因此画上一幢房子的雏形，就
算是字母"B"，"人"叫"RECH"，因此一个人头就代表字母
"R"；用这样的方法，闪米特族腓尼基人创造了21个字母，其
中有声母也有韵母，字母的形式是从埃及象形文字中临摹下来
后再简化的。拉丁字母经脱胎换骨演变成另一种简洁单纯的字
形后又到了希腊，2000多年后才开始向北欧移植，这样，埃及
的象形文字经过希腊、意大利（罗马帝国）搬到北欧，从北欧
搬到东欧、俄罗斯，这中间经历4000年之久。它完全改变了本
来的面目，有的字母面朝左，有的字母面朝右，像公牛的头已

Dr. Ragab Pharaonic Village
HOW TO WRITE YOUR NAME IN
HIEROGLYPHICS COMMENT ECRIRE
VOTRE NOM EN HIEROGLYPHES
COME SCRIVERE IL VOSTRO NOME
IN GEROGLIFICI

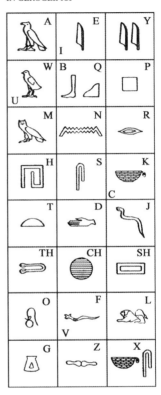

图 2-7　破译后埃及象形文字
与拉丁字母之对照

哭	男人、儿子	女人、公牛	啤酒罐、醉	蜜蜂、蜜

雄鸟	欢乐	扬帆上行	女人、寡妇	山地人、沙漠

图 2-8 埃及古代象形文字已破译成拉丁字母

（a）埃及石刻象形文字　　　　　（b）希腊石刻大写字母

图 2-9 埃及古代常用限定符号与希腊石刻大写字母

变成一个"A"字，头上原有的两只角，却放在下端了，大部分字母都转变成和原形完全相悖的方向。缘由是腓尼基人写字是从右到左的，而欧洲人写字却是从左至右。埃及的象形文字是向欧洲各地分头传播，它不仅往北欧传，而且也往西传，传到意大利，就变成了拉丁字母；它更向东传，到印度、波斯、乔治亚、朝鲜。可以说世界上绝大多数字母是从埃及字母演变过来的。

五、书乃文字的载体

文字的出现为书籍的产生提供了必要的基本条件。有了文字之后，人类就可以把自己的经验、思想、感情、希望以及对周围事物的观察、理解等一切需要相互交流、传递的东西，用文字记录下来，这样就有了文字记录，这一切的文字记载都可以叫作"书"。但是，在历史发展的过程中，关于书的概念是一直在变化的，历代的人们用文字记录其经验、知识，均是为了帮助记忆，不至于遗忘。为此远古的文字记载，其内容都是记事性质的，像甲骨刻辞、青铜铭文都属这一类，相当于近代的档案性质。日久天长，人们认识到这些记事材料可以传播、交流经验，作为传授知识的工具，随后又出现了专门传播经验与知识的著作，明确了书籍一词的概念与意义。

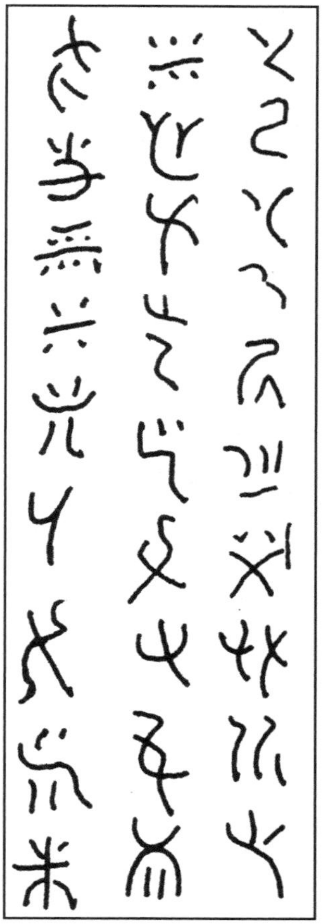

书籍还必须有一定的物质形态，上古的人类以一切可以刻画或书写的物体做文字的载体，如龟甲、兽骨、青铜器皿、石碑、木板、缣帛、树叶、蜡板、羊皮、芦苇等都曾用作过文字载体，直到发明了纸。自从纸发明之后，纸就逐渐成为书写文字的最佳材料，这就形成一种概念，认为书必须是纸制成的观念，在印刷术发明之后，又逐渐形成一种书籍必须是印刷而成的观念，但随着高新科技的飞跃发展，21世纪的书还将是录音带、录像带、VCD光盘以及电脑网络等非纸质的视听媒介。

由此可见，书籍的含义，在不同的社会历史与不同的科技发展时代会有不同的物质形态。要了解书籍发展的历史与未来，必须了解各个历史时期的书籍究竟是何种形体。今后随着高新科技的进步，也会形成一种崭新的形式。在这里，可以给书籍下一个定义：书是人们为了传播知识，用文字写在或印在或贮藏在具有一定形式的材料或视听电子媒体上的著作。

图2-10　仓颉造字　仓颉的字迹，留在"藏书台石"上仅28个字，现在能识别的为右侧第三"上"字与第四"天"字

第二节

华夏历代文字载体的形态

我国书籍作为文字的载体的发展，基本上可分为八个历史阶段：上古的书籍、战国先秦的简策、前汉帛书与纸的发明、魏晋隋唐的石碑经文、印刷术的发明、宋元明清的刻书、"五四"后的新文化、20世纪非纸质书的出现。这里只能选择主要的阐述一下。

一、上古的书籍

我国的上古时期是指华夏历史的商代至春秋时代。从现在的历史考证，我国有文字的历史始于商代，以商代的卜辞为先河，商代以前的古史都是先祖根据口头传说记录遗留下来的，不完全可信。所以我们追溯华夏书的历史只能以商代开始做起点。商代是奴隶制社会，奴隶主认识到文字记录的必要性，他们需要把言论、事件记载下来，作为日常事务的参考借鉴，为此他们培养出能运用文字来记录的人，称史官。史官的任务是负责记录当时的重大事件、帝王的言论行为，这些记录虽然也是文字著作，但它的性质仅属于现今的档案，所以在上古时期，档案即是书籍，二位一体。

现存的上古文字记载，最早的首推商代后期的"卜辞"，其次是西周及春秋时期的青铜铭文。

卜辞是指商代帝王占卜问卦时的记录，这些记录铸刻在占卜时所用的龟甲兽骨上，故称甲骨文，当时商代已改称为殷，所以又称作殷墟甲骨文。直到甲骨文在今河南省安阳小屯村被发现，才确定它是古代的一种文书，记录下商代的许多事迹。经过考古学家不断地挖掘出土，获得了成千上万的甲骨，使我们获取研究上古历史的资料，也看见了3000多年前文字记载的龟甲兽骨书。

甲骨文的内容是占卜的原因、日期、吉凶兆，商代人极重视神鬼祭祀，帝王的一举一动，大到战事小到狩猎，都要在事先占卜问卦，然后把占卜之事记录在甲骨上，以备日后验证。经过考古家的考证，目前所发现的甲骨，大约是商代后期（武丁和纣王时代），相当于公元前1300年到公元前1100年的遗骨。

甲骨文的字体中象形字很多。有的是自然物的图形，可见那时文字尚在自由创造之中；也有不少形声字假借字，可以窥测当时文字的使用已经历一段相当长久的时间。甲骨上的文字是用尖刀刻的，有时填上朱砂，证实我国书籍曾有过刀铸刻的一段时期，但也有人持不同意见，认为：甲骨必须刀刻，是其材料的性能使它如此，而甲骨本身不是当作书的材质而采用的，因此，还不能认为华夏书籍在手写以前有过刀刻时代。

二、青铜铭文

青铜器在我国商代后期已经产生，它的使用是中华民族文化史上一个灿烂的划时代的标志，而且已经达到了青铜艺术的顶峰，不仅在铜锡合金的工艺技术上，而且还在视觉艺术造型与审美意识上，都有极佳的境界，青铜器从商代至前汉，历时1000多年，尤其以周代时期为最精彩，它的种类很多，有食器，如鼎、簋〔guǐ〕、簠〔fǔ〕、敦等；有酒器，如尊、爵等；有炊器，如鬲〔lì〕、甗〔yǎn〕等；有日用器皿，如盂、盘等。这些青铜器都是那时帝王、贵族祭神祭祖，宴会庆典时使用的器皿，所以称作"礼器"，此外尚有乐器、兵器等。

由于先秦青铜器占有者非常看重对这些器皿的拥有，成为他们统治权力、特殊地位的象征，所以在器皿上面或底部铸、刻出占有者的姓名。有人还把铸器的日子、缘由等也铸造在上面，还有人将需要长期保存的文书也铸造在器皿上，成为青铜铭文的文字载体，这种文字后人称它为"金文"。最初仅两三个字，以后逐渐发展到四五百字，尽管青铜铭文本身非地地道道的书籍，但这些金文却给后辈提供了珍贵、可靠的历史资料、知识，发挥了书籍的功能作用。譬如，从盂鼎、舀鼎的铭文中，可以窥出当时奴隶社会人口买卖的制度，从散氏盘铭文中可以发现奴隶主之间对疆界地域划分的分歧交涉情况。

青铜器上的字形，早期近似甲骨文，后来逐渐演变成"钟鼎文"，也称"籀文""大篆"，是中国汉字发展历史上一个关键因素。近几十年来考古学家们运用青铜铭文来研究上古历史，证实青铜器是文字的载体，它为我们考古学者提供翔实可靠的知识财富。

图 2-11　无射律管青铜铸制，上端完整，下端残缺。残长 7.76cm，铭文为："无射，始建国元年（正月）癸酉朔日制。""正月"二字已残失。建国元年为公元 9 年，西安咸阳 1969 年出土。

图 2-12　青铜铭文　宴乐铜壶上的装饰

三、维殷典册

在传说中，早在三皇五帝上古时代就有《三坟》《五典》的著作，可是这些书都没有流传下来，不可置信，而且三皇五帝是否真有其人，也是个问号，更不用说去相信他们的书了。从现存的文献来看，《尚书》中提及《虞夏书》，顾名思义应是虞舜时期和夏代的书，但是这几册书有人证实是后世的赝品伪作，不足为信。

从现今掌握的历史知识来推测，夏代以后的商代是有非纸质书的，西周初年（公元前1066年）的周公曾说："维殷先人，有册有典"，可见周文王是见到过殷商时代的书的，殷商的典册是殷王言论和要事的记载，出自史官之手笔。《尚书》一书里还保留几篇《商书》，其中有《盘庚》三篇，是盘庚迁都时对臣民所作的演说，历史学家认为这是可以信赖的记录，这就是维殷典册吧，应该说略早于现存的殷墟文化——卜辞。不论是维殷典册还是殷墟卜辞都是当时史官、卜人的记录档案，而不是后世所说的著作物。要看书的儒人只有去找史官才能一饱眼福。《左传》一书中记载韩宣子在鲁国太史公处看到《易象》和《春秋》就是明证，相传孔夫子曾向掌管藏书的老子问礼，当时老子是周王室的守藏史，墨子周游列国，也为了能看到一百二十国的《百国春秋》，以上故事都反映出自殷商至春秋战国，唯有史官才掌有典册史书，但这类上古典册至今都散失殆尽，不留片纸，只在孔夫子改编过的六经中保存着一些只言片语。

四、秦汉简策

从战国至后汉末期（公元220年）是中国书史的第二阶段，战国时代私人著书兴起，打破了前朝史官垄断的局面，秦始皇焚书坑儒，企图禁止私人著书，但终不能螳臂当车阻挡历史向前推进，秦亡汉兴，私人著书如雨后春笋。一般地说，用竹制的称"简策"，用木制的叫"版牍"。

简策，就是把竹锯成一段约一至二尺的圆筒，再将它劈开成竹签，称作"简"，也叫作"牒"。简在书写之前，需在火上烘干，避免虫蛾蠹朽，这叫作"汗青"或"杀青"。而把木材锯成一二尺的木棍，再劈成片，刨削平坦，称作"版"，也叫作"椠"（音倩），木版上写了字就叫"牍"。《汉书·陈遵传》"与人尺牍，主皆藏去以为荣"，相沿写书信称尺牍。

一根简只能写一两行字，多的几十字，少的只有七八字，写一部书要用大量竹简，这些竹简还必须编连起来才便于阅读，用以编连的绳子称"编"，一般用麻绳当"编"，但也有用丝带、牛皮绳的。用牛皮的叫韦编，竹简相连谓之策（即册），用丝或韦串进简上两孔就将简编成册。我们现在把一本书叫作一册书，也与简策韦编有关联。另外王充《论衡》一书中说："断木为椠，木片之为版，加以刮削，乃成奏牍。"一般将一尺见方的木板称为"方"，在木板上写字或绘图，称为"籍"、"簿"，"版图"、"尺牍"。细分功能为：在木板上记账称"簿"；在木板上登记户口称"籍";在木板上画地图称"版图";在木板上写字通信称"尺牍",两版相合,以绳捆之,在绳结处用黏土加封盖上印章称为"封",今天书籍封面之封,大概出于两版相合之意了。用版牍写户口名册、记账、画地图、通信必须在上面另加一木板以掩字迹,然后用绳把它捆起来称作"约";所加的板称作"检";捆好的一个整体称作"函";检的表面写收受人和寄发人的姓名、爵位,称作"署"。在汉代检、约、封、署、函等都有明确规定,它对后世文书制度、通信方式,装帧术语都有一定影响。

编简是书籍的先河,它有一定的先后次序。最前端开始处往往是两根空无一字的简,当作保护后面众多竹简之护封,称作"赘简",赘简背面用来写书名和篇名,这也是影响后世书籍应有封面、护封的起因。赘简之后是一篇文章的篇名,如果此书内文章不止一篇,那么在篇名下端另写上全书的书名,篇名叫小题,书名称大题。多篇文章的书有目录,古书目录常附有较长说明,著者把作书意图、写作经过,结合各篇的题目次序、内容、重点写成一篇文章,称"自序"。譬如许慎的《说文解字》、司马迁的《史记》、班固的《汉书》均有自序,而自序总是放在全书的最后。编连的竹简可以卷起来,一卷之后,赘简背面的书名、篇名字迹就显露在外,便于查找了。

简策是中国封建社会初期传播文化的主要手段,在文化奠基时代曾起过极大作用,但简策有较大缺陷,笨重不便于携带,又占空间,不便大批存放,收藏,编连的简策又容易脱落丢失。如果丝韦绳断烂,简策的先后次序极难清理,对于日益进展的民族文化,就难以担负其传播媒体的使命,所以在秦、魏、韩、赵、楚、燕、齐(公元前4世纪前后)战国时期就出现了缣帛书,促使书籍进入了一个新的历史阶段——卷轴时期。

五、缣帛、绢、素

缣帛书产生于春秋战国之间，《论语》里曾记载孔子学生子张在衣带上写字，可见春秋末年已有人在缣帛上写字了，战国初年墨子的著作中有"著于竹帛"一词，可见在那时缣帛已相当流行了。《齐民要术》中范子曰："以丹书帛置于枕中。"公元前500年前后随着纺织业的进展，在绢上书写以代竹、木是一种飞跃，因为缣帛可以展开卷拢，中间有一轴，称为卷轴。《书林清话》中说："帛之内书，便于舒卷。"帛易于书写，它的幅度长，幅面广，可随文章长短而截断，绢帛、缣帛轻便柔软，便于携带，作为书写材质，大大胜过了竹、木，所以从战国到两晋（公元420年），缣帛一直是常用的书籍材质。西汉时代帛书很多，据《汉书·艺文志》记载：书籍有的以篇计数，有的以卷计数。以篇计数的无疑是简策，以卷计数的大多是有插图的兵书、科技类书，因为图形最适合于画在绢帛上。以卷计数的必然是帛书，东汉时帛书更流行于市坊，帛的品种有缣、帛、素等不同的名称。

帛书形似卷子，其上有画的或织的界线，界线分红、黑二色，帛书以轴为中心，由左向右卷成一束，为了保护书的起头顶端，在最前首处另接一块素帛，称"首"，也称"标"，首和书本身可以有不同色彩。当时人写书已经用红与黑两色来区分书中作用不一的文字，汉顺帝时襄楷所得的《太平清领书》（即现存的《太平经》残本）就是用素做材料，红色做界线，青色做首，又用红色做书中小标题，装帧得美观靓丽又考究耐磨。

三国以后就通用纸质书了，绢帛就成为图画重彩、白描艺术和书法的材质，而不是书籍的材质了。为了便于翻阅，在卷口用竹做个签条，写上卷名，签条考究一些的还有用象牙做的。古代绢本帛书流传寥寥。因为它比竹更易于损坏，不易长期保存，所以怎么加固其装帧方式，是一项应引以重视的科学研究。

图 2-13　缣帛卷书

帛书的出现，虽然有它特殊的优势，但它本身是一种通过编织产量少、价格贵的材质，因而它不能面向大众，正因为这个缘故，它终究不能成为书籍之主流，在前一时期与简策并行，在后一时期又与纸并用，所以它不是书史中一个独立历史阶段。绢帛、缣帛、素帛作为书写材料，其流畅方便之优点是不予否认的，为了追求一种具有帛书优点而又价格低廉的书写材质，终于通过丝质帛的诞生导致了植物纤维纸的发明，最后替代了简策和缣帛。

六、纸

中国是第一个发明纸的国家，纸的出现，是书籍材质上的一次革命性飞跃，世界各国的造纸术，都是直接从古丝绸之路由中国西域传播发展的。蔡伦之前历史上已经有一种东西叫作纸，但认为缣帛就是纸，这就弄错了，纸不是缣帛，蔡伦之前的纸是一种丝质的物质，这种丝质纸是把漂丝时剩下的丝绵、丝屑，在水中捣烂成浆状，再用竹帘抄起铺开，晒干形成的，这可以在公元100年许慎《说文解字》中关于纸字的解释为证。班固著的《汉书》中就提到赵飞燕皇后曾用"赫蹏"纸色药丸，并在它上面写字，这是公元前32年汉成帝建始元年时的事，这是一种用丝绸纤维当原料做成的纸，比蔡伦纸要早137年的丝质纸，它的制造方法和性能同蔡伦造的纸一模一样，因之可以断言，蔡伦之前已有了纸，不过蔡伦纸以一种价格便宜的原料代替稀少昂贵的丝绸料而已。

七、"五四"新文化

清末民初，出版事业崭露头脚。书籍出版和文化战线相统一，是资产阶级的新文化与封建阶级旧文化的争斗，在书籍内涵和形式上是新旧杂陈，在印刷技术和设备上是新旧交替，处在继承传统开拓新思维的推陈出新过渡期中，因之影响书籍的完整性和艺术性。清宣宗道光二十二年（公元1842年）鸦片战争失利之后订立了丧权辱国的江宁条约，两年后到1844年新式活字汉字由澳门传入祖国内地。1882年清光绪九年引进了石印印刷术（LITOGRAPHY），出版石印本《康熙字典》《点石斋画报》和民国初年的学生教科书等，也出现了用铜活字排印的章回体小说。当时，有用手工制作的连史纸和毛边纸印的书本，中式纸对折单面印刷，西洋纸单页双面印刷，由于西洋新闻纸的引入，改变了单根粗纱线的孔眼装订形式，变为一大张纸连折，用铁丝装订，这就成为现代平装书形式的鼻祖，装帧因之出现了一个技术上的革新。那时最常见的，有《新青年》杂志、严复的《天演论》和群益书社出版的鲁迅著的《域外小说集》，它的装帧已受外来影响，封面上加装饰，并请陈师曾题了篆书书名，这是20世纪初期鲁迅对书籍装帧革命所迈出的第一步。后来出版《呐喊》时，鲁迅亲自设计书封，在版式、版心上予以改革，文章篇名标题占行增多了，字与字间距离加了较宽的衬条，标点符号放在字中间，使版面疏朗、清晰、醒目、美观，并采用不修边的毛边纸印刷，蔚然成风。当时同文书局、泰东图书局等也都出现了多样而新颖的版式。思想一解放，好作品层出不穷，如杂志《礼拜六》，小说《芙蓉泪》《新华春梦记》等。这是西方印刷术传到我国后，书籍形式在设计和印刷上的伟大革新。

1924年"五卅"惨案后，在郭沫若的热忱支持下，由张静庐、沈松泉、庐芳自筹资金，各尽所能极其艰难地在上海四马路创办光华书局，出版过郭沫若著的《三个叛逆的女性》《文艺论集》，同时出版由他主编的半政论半文艺的杂志《洪水》半月刊;《洪水》是创造社特殊风味的刊物，受到读者的喜爱。当时上海四马路上还不是书肆的汇集地段，所以光华书局是第一家，后来书商云集，四马路成为上海各书局林立的文

图2-14 《礼拜六》1914年创刊属鸳鸯蝴蝶派言情小说集 丁悚设计

图2-15 《呐喊》 鲁迅设计

化街。上海在孙传芳、李宝章统治下，他们对文化出版是闭一只眼睁一只眼，所以宣传共产主义的刊物《向导》和《中国青年》能平安地在沪地流行着，进步思想的文艺读物当然更不成问题了，孙中山《三民主义建国大纲》《共产主义ABC》以及其他关于社会主义、国际主义的新书，各行其道、非常畅销，如漆树芬的一本20万字的《经济侵略下的中国》是风行当时的畅销书。

图2-16　清代《点石斋》石印书《某殿撰轶事》插图4幅

图2-17　《五四卅周年纪念专辑》佚名

1919年五四运动以后，鲁迅对书籍文化又不遗余力地提倡，并亲自实践投入了装帧工作，由于他的博学多智，对我国传统的书籍装帧有精深的研究，所以出自他设计的书十分新颖绚丽。如运用中国线装书形式，设计《北平笺谱》的封面，采用幽雅的宣纸做封面；书名用狭长签条形式，请书法名家沈兼士题签，黑字红印，粘贴在书封右侧，一派清秀靓丽风格，人见人爱；书内扉页请魏建功题字，字体古朴苍劲；序言请郭绍虞的行书挥毫，活泼流畅，使读者阅读时获得美的欣赏；笺谱的版式分大小宽窄，编排位置也严密推敲，只有对传统书籍有一定的修养的人才能设计出如此优秀的装帧来。通过《北平笺谱》这部书，可以窥见鲁迅对书籍装帧艺术的精通，后来鲁迅仅用文字、书法来设计封面，如《呐喊》就是借用古线装书，将直长方形书名签条改为横长方形的书名色块，签条的粗线框改为细线框围在红色块四周，书名采用变体美术字，横放在色块正中，略偏于上半部，下放作者姓名并翻成阴文白字，这种利用古典签条式书名的封面设计，真是推陈出新、极为巧妙。这种仅用文字为素材所做的封面设计，也都应用在鲁迅先生的其他著作中，如《二心集》《伪自由书》《南腔北调集》等，这些书都是由鲁迅亲自写书名、作者名，非常淳朴地用一行黑字印在洁白封面纸上，既庄重雅洁，又耐人寻味。

再回眸一下20世纪30年代的装帧状况，由于鲁迅的大力提倡，引起文艺界、出版界的关注，在他的培养和扶植下，最享誉的是陶元庆。他为鲁迅和许钦文的绝大部分著作设计了优秀的封面，如鲁迅的《苦闷的象征》《唐宋传奇集》；许钦文的《故乡》《鼻涕阿二》等，他能根据书中内容高度概括成装饰形象，如《朝花夕拾》《彷徨》《坟》。陶元庆所形成的独特风格，不是单靠他精湛的绘画功底，他在文学诗词方面、艺术史方面的深厚修养也是很重要的因素。他的传统国画写意花卉，受"八大山人"石涛影响，他的旧体诗词清新易咏，新体诗又富有哲理性，他与钱君匋是同窗好友，同住一宿舍，他的油画、水粉画受后期印象派的影响，作品都极其精练，如《落红》《卖轻气球者》《父亲负米归来之时》等佳作，开明书店还出版过《元庆画集》。他的书法自成一家，在研习古典各种碑帖后，不落旧穴，坚持他潇洒的风格，这从他的封面设计上的签名就能领略到。陶元庆用渊博的学问开拓了独特的美的装帧艺术格调，他死后，这些杰作保存在许钦文所筹建的陶元庆纪念馆内，不幸在抗战中全部遗失了，剩下的只有一帧鲁迅肖像，现保留在鲁迅纪念馆里，他是30年代装帧界的一位佼佼者。

钱君匋也是20世纪30年代一位装帧设计家，他二十九

（a）《二心集》

（b）《伪自由书》

（c）《南腔北调集》

图2-18　鲁迅设计

（a）《朝花夕拾》

（b）《彷徨》

（c）《坟》

图 2-19　陶元庆设计

岁毕业于艺术师范，学习西洋绘画和音乐，当时在章锡琛主编的《新女性》月刊上发表抒情歌曲，因为音乐、绘画、设计之间有一个共性，可以相互影响，相互运用，封面装帧设计也应有韵律、节奏、音色，譬如音响效果等于色彩效果，歌剧序曲的音乐语言，可以调整听众的情绪，使之对歌剧的内容有一个浓缩轮廓、逐渐进到歌剧的音乐和剧情中去，钱君匋认为：封面设计也有这种相似处，封面就像歌剧的序曲。他研究中外音乐，将音乐的旋律、和声、节奏、音色等和封面设计融合起来，他为开明书局设计的《开明信集》封面，上面画上一株枝叶稀疏的小树，树下一只小白兔正在伸着脖子嗅一朵野花的香味，就表现了一种序曲的诗意，他为《地狱》一书做封面时，用未来派艺术的手法把报纸剪贴了随后加上各种形象、字体和飞舞的色块来做封面，也是种别出心裁的创新。

　　20世纪30年代，从事书籍封面设计的，除鲁迅、陶元庆、钱君匋外，还有丰子恺。他的封面走了另外一条路，是用漫画的表现手法在描写人物时，充满了诗情、幽默、单纯，用色不多、线条流利、形象生动，常不画鼻子，仅画一个面部轮廓，他用封面作品把书的内涵高度地概括为形象，是位多才多艺的艺术家。懂绘画、音乐、诗词、书法、散文，信仰佛教，会讲日、英、俄三国语言，这些修养使他的封面作品具有高度的艺术性。其次是司徒乔，他的封面常用钢笔画技法来制作，比较写实，缺乏装饰性，区别于他人的封面设计。陈之佛与司徒乔相反，所做封面多用古典图案，古朴浑厚。张光宇和张正宇兄弟两人，他们的作品有中国传统木刻和装饰画形式，对人物、建筑的形象加以夸张变形，耐人寻味，是种装饰风格。后来有郑川谷，他的作品大胆而洗练，装饰纹样成分浓郁；沈振潢的作品比较淳朴厚实；莫志恒的作品也有一定装饰性；曹幸之的封面非常蕴藉、优美，有诗意、有意境、有民族传统风格。总之，五四运动袭击了封建制度、封建社会，要科学、要民主，赛先生（SCIENCE）、德先生（DEMOCRACY）在政治思想、文艺思想上掀起了一场大革命。

那时作家、画家、设计家的思想解放。在写文章、做演讲时，也有以谩骂对立面的语句开头，文人相轻习俗不散。在装帧设计方面也是五花八门、中西合璧，古典传统和各种风格流派并存，具象的、抽象的、立体派、未来派、表现派、达达派，不一而足，裸体女性上封面也已司空见惯，不足为奇，陶元庆为鲁迅的著作《出了象牙之塔》所设计的封面就是一例。总之，在五四新文化运动光芒的照耀下，书籍从内容到形式都是一个大变革。

图 2-20　陶元庆 30 年代封面　1926 年 4 月许钦文著《故乡》，北新书局出版大 32 开毛边本，封面画为"大红袍"，鲁迅先生甚为赞赏，是装帧艺术经典之作。

图 2-21　《草原故事》
丰子恺设计

图 2-22　美国辛克莱普《地狱》，1930 年 5 月开明书局出版，钱君匋设计

图 2-23　插图"红了樱桃绿了芭蕉"
丰子恺设计

第三节
世界书籍文化

一、埃及的纸草书

图2-24 古埃及纸草书

当今文字各国不尽相同，但印刷在纸质上是相似的。可最早的上古年代，文字是刻在石头上面的，后来才写在芦苇叶子上，此后又从芦苇叶转移到蜡板，再后来从蜡板搬至羊皮，到了最后才进入了纸张，这种早期的特殊的纸是用一种植物制造的。

写书的时候，在芦叶纸上一页一页地写，写完了20页，便用阿拉伯树胶粘起来，做成约有100米长的长卷。要读的时候，就请两位朋友，每人拿着一边，慢慢展开阅读，倒有点像我国古时的卷轴缣帛书了。但芦叶书阅读时很不方便，因为一柄手卷还仅仅是整部书中间的一个章节，若编印成一厚册的著作，对古埃及人来说必须分成许多手卷，如果要把一部著作带回家，那必须把一捆手卷，装进一个圆筒，再用皮带缚住捐在背脊上才行。

图2-25 古埃及石碑上的书记官

芦叶纸上写字画画也用墨汁，这是用煤烟灰和水合成的，要使这些墨汁不会在芦叶纸上渗开来，就得加进一些阿拉伯树胶，这种墨汁不像现代墨汁那样牢固耐久，写错了字只要用湿布在芦叶上一擦，就可擦去字迹，埃及人也有用舌头尖把字迹舔去。在金字塔的壁画上，现在还可以见到古埃及的书记官，这些书记官都为年轻人，坐在地毯上，左手捧着芦叶卷，右手握着竹制的笔。书记官在芦叶纸上写的字体和埃及石碑上的象形文字大不相同，埃及庙宇和墓穴壁画上所刻的字和图形非常精细，芦叶上写字要比石头上凿图形更简陋了，完全丧失了工细整齐的原形，笔画潦草，图形简单草率，只有庙宇里的僧侣，才会写得整齐美观，每字每行都不惜工夫慢慢地描绘着，因此埃及的文字，到后来分成三种字体：象形字体、僧侣体和通用体。可见芦叶纸的发明，影响字体书写的变化，同时在书的历史上产生了第一类的芦叶书，即纸草书（PAPYRUS）。

二、巴比伦的泥版书

巴比伦在伊拉克首都巴格达南方90公里处，它显著昭世的文明首推《汉谟拉比法典》，这部法典早在4000年前由国王汉谟拉比制定，法典将200多项条款镌刻在一个扁圆石柱上，现藏法国巴黎卢浮宫，这也是最早的一本由楔形文字书写的石头书。其古城门是一座蓝釉陶壁，刻有很多装饰动物图案的牌坊，城门中间是伊什塔（ISHTAR）女神门，原城门整个儿被收藏在德国贝加蒙博物馆。现在女神门是一件复制品，进女神门有一个小广场，墙上有一些现代人画的油画，画了巴比伦王国的几个历史场景，其中一幅画的是《汉谟拉比法典》，顶部的浮雕表现汉谟拉比正在接受正义之神的嘱咐，成了人间的立法者。

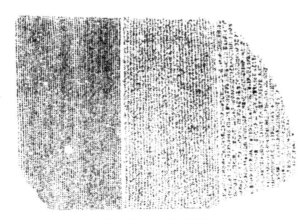

图 2-26 巴比伦泥版书

古代巴比伦人和亚述人，把字写在黏土板上，然后放在火上烧成硬陶书，据说在"尼尼微"（NINEVEH）地方，发现亚述巴尼布王的一个图书馆，那里全是陶土烧制成的书，一共有3万多块，每一本书都是散页的，只能在每一块陶土板上都刻上书名和编号，图书馆的印记有这样的记载："亚述巴尼布王，战士们的王，诸民族的王，西西利亚国的王，理智之神NEBO神给予我聪敏的耳和锐利的眼，使我能发现服务于前代诸王的著作家的作品，为了尊重NEBO神，我搜集了这些书板，命令制成抄写本，并把我的名字刻在上面，保存于我的宫中。"这批图书有的是泥版，有的是砖刻版，这种书大约在公元前650年，这些泥版书尺度为20cm×30cm，是用削尖的木杆在湿泥板上画写文字之后，在火堆里烧成的，而最早的古巴比伦泥版书约在公元前3000年。

三、罗马的蜡版书

芦叶纸全是从埃及出口输进罗马帝国的，价格就贵了，所以只能作写书用。罗马人发明用易熔化的蜡（黄蜡或黑蜡）填在一块书本大小、中间挖去一块长方形框的木板上，木板两端都有一个小洞，从这小洞穿过一条线，这样就把多块小木板订成像一本书的样子，第一块书封和末一块封底是不上蜡的，这样把书闭上后，不致损坏书中间的蜡，这就是2000多年前的蜡版书。在蜡板上面用一支铁制的笔尖，名叫"STYLET"，它一头是尖的，另一头却是圆的，尖的一头用在蜡板上刻字，圆的一端用来磨去写错的字，像现在小学生用的橡皮一样。蜡板价廉，可用作记笔记、做算题、开账单、写书信，方便之处是蜡板可擦了用、用后擦，持久使用，但不利的是不能遇到火，一遇到高温就会像黄油一般熔化，前功尽弃。

罗马人往往在蜡板上写信寄给朋友，友人接到信看了后，就将原信擦去，在原来的蜡板上又写上复信寄还他，这样，一块蜡板上写了擦、擦去了又写，可循环使用。罗马时代老作家指示青年人要反复推敲自己写的文章时说"你要多用你的笔的圆的一端"，告诫青年人文章须反复修改。现在我们赞扬别人的文章，总是说GOOD STYLE OF WRITING，意思是"文体很好"，文体"STYLE"就出于"STYLET"铁笔一词。小学生和普通百姓用的蜡板，板子是用枫树板做的，外面加上一个皮套子保护，板中间所填的蜡是很黑很脏的蜡，还掺些脂肪油；富豪们用上等木料还镶嵌象牙的蜡板，显得十分豪华讲究，罗马人当时用过的蜡板，遗留到今天已经凤毛麟角了。

四、印度、缅甸的贝叶书

在厦门南普陀寺的藏经阁珍藏着一部贝叶经，共有30页，书写的经文就像蚂蚁那样小，由于古时还没有发明纸，印度人就用树叶当纸，用来写经书，称贝叶经，传进我国古寺庙的许多贝叶经多在盛唐时代，唐朝李商隐在《题僧壁》一诗里曾写道："若信贝多真实语，三生同听一楼钟。"诗里的"贝多"二字是指贝叶书从贝多罗树采摘下来的叶子。我国古代的典籍中也有记载，如《大慈恩寺三藏法师传》卷六中有"丁卯，法师操贝叶开演梵文"，《宋史·天竺国传》也载有唐玄奘西域取经，就是到印度、尼泊尔等国交流佛教教义，唐三藏从浩繁的贝叶经翻译成汉文，对研究古代历史、地理和佛教等很有价值，所以贝叶经成了佛经的代名词。

图 2-27　罗马时代的蜡版书，巴泰古族树皮书与贝依泰族贝叶经

贝叶是贝多罗树的叶子，印度、缅甸最多，用这种叶片著书立说称"贝叶书"，在印度、缅甸佛教圣地寺庙里或图书馆里，都完好地保藏着许多古老的贝叶书，它的装帧形式颇像我国汉代的竹简书，用细绳一片片串成，数千年前历代各种佛教经文和皇宫内文献资料档案，大都用此奇特的书写形式流传至今。用八年树龄的贝多罗树叶子写经，称"贝叶经"。用贝多罗叶写书、写经必须经过特殊的水沤制作程序：一、浸泡，二、

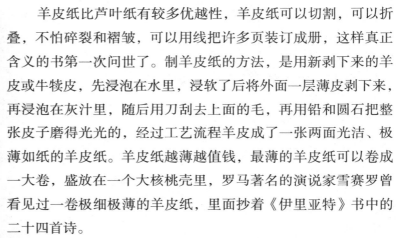

晾干，三、切割，四、磨光，五、打洞，六、画线等工序。刻写时，还必须备有特殊的工具和特制的铁笔与书写架，书架上裹着布球；刻写时，把贝叶放在布球垫上，用力均匀地刻写；刻写好后在贝叶上抹上煤油，字迹才会显现；装订成书时，要磨光书边，然后用两片薄木板夹住贝叶成为书封和封底。

五、古罗马的羊皮书

羊皮纸比芦叶纸有较多优越性，羊皮纸可以切割，可以折叠，不怕碎裂和褶皱，可以用线把许多页装订成册，这样真正含义的书第一次问世了。制羊皮纸的方法，是用新剥下来的羊皮或牛犊皮，先浸泡在水里，浸软了后将外面一层薄皮剥下来，再浸泡在灰汁里，随后用刀刮去上面的毛，再用铅和圆石把整张皮子磨得光光的，经过工艺流程羊皮成了一张两面光洁、极薄如纸的羊皮纸。羊皮纸越薄越值钱，最薄的羊皮纸可以卷成一大卷，盛放在一个大核桃壳里，罗马著名的演说家雪赛罗曾看见过一卷极细极薄的羊皮纸，里面抄着《伊里亚特》书中的二十四首诗。

羊皮四边是不整齐的，所以要把不整齐的切掉，成为一大张长方形的羊皮纸。将羊皮纸对开成两页，每一本书册页，大概需四大页，即八个单页（PAGE），又可把羊皮纸折成四开、八开、十六开，这就成为后来各种大小书开本的先河。羊皮纸上两面都可写字，而芦叶纸只能写一面，这是羊皮纸的最大优势。从此埃及的造芦叶纸工场，供给芦叶纸产量日益少了，到了埃及被阿拉伯人征服的时候，芦叶纸对欧洲的输出完全断绝，羊皮纸得到了最后的辉煌。因为羊皮纸很贵，所以每页上面字写得很挤很紧，要写成一大本书，至少有一群羊皮才够用，为了节省篇幅，抄书人往往把许多字压缩简化，比如：耶路撒冷 JERUSALEM 就写成 "Jm"。修士成年累月地抄书，抄写一本 500 页的书，至少要费上一年多才大功告成。羊皮纸装订成的

图 2-28　誊抄的祈祷书

羊皮书又大、又厚、又重，装订很坚固，封面是两块布包着的木板，里外再包上一层皮，四角镶上铜片，既不会碰损书角，又美观。另外，再上一把铜锁，使里面的羊皮书页不会摇动。有的书装帧得更讲究，封面是摩洛哥皮或鹿皮，用金、银片镶书角，书封上嵌上红绿宝石，每页书边外口上都镀了金银色，非常华丽奢侈，大都成为教皇、国王的御用书。一本金碧辉煌讲究的书，誊写工整，装帧精致，一定不是出于一人之手，而是群体合力完成的，其中一人削皮，一人用圆石牛骨磨光皮面，一人抄写正文，一人专画字头花纹，一人修饰，一人校对，最后一人装订成册。当然技艺高的修士，能够单独用皮来写成书，而且装潢成册，美轮美奂。

羊皮书经历了中世纪数百年的欧洲黑暗年代，愚昧思维束缚着人的心灵，教会把抄书看作是修行，唯物论者看来虽很荒唐可笑，但修士僧侣们的誊抄毕竟在书籍装帧发展历史上曾起到一定的革新作用。几世纪之后，世界上连一个誊抄手都找不到了，因为书籍不必由虔诚的修士来抄写了，那钢铁巨人——印刷机出现了，它一天就能印出几千几万本书来。

六、从谷腾堡到分离派

当印刷术未发明之前，在欧洲的教会、学堂中就有高度发展的"手抄本"书写文化，誊抄者大都是虔诚的僧侣、修士。号称印刷之父的德国人谷腾堡（JOHANN GUTENBERG 1400—1468）也经历过手抄誊写时代，这是促使他发明用金属活字印刷来替代人工抄写的时代背景。谷腾堡于1440年制成了铅合金活字，比我国的木活字要高出一筹，他最先印刷了多纳忒氏的《拉丁文文法》一书，五年之后又印刷了著名的四十二行《福音书》，1456年又印刷了三十六行《圣经》和《万能良方》等。这些书籍在工整迅捷上远远超过手抄本，比1400年法国手抄本《祈祷书》要强，在字行长度的一致性、整齐性上是手抄本难以

图2-29 《时代漫画》1935年 17期封面 胡考设计 平民书籍

比拟的，重要的词句用红色套印，色彩斑斓的装饰纹样仍保留手抄本原样，版心四周的白边和两栏之间的空白隔断在比例上非常协调而富有节奏感，正反面都可印刷文字，这种版心设计，版面形式曾给20世纪中期的书籍设计师很大启发，即使今天拿来欣赏，也是很美的版面设计和出色的印刷物。15世纪末欧洲人耶尔·沙普夫曾是位装订工人和版画爱好者，首次用木刻艺术来装饰封面。另一位德国人舍恩斯彼格也是奥格斯堡的版画家，1482年再次在一本小型书《健康护理》上用木刻刻成的装饰纹样做护封，这可以说是书籍史上记载的最早的书籍护封，除奥格斯堡一地外，此后陆续在意大利威尼斯和弗拉拉出现护封。在以后的400年内从未发现过护封，也许是连年的兵燹鏖战，丧失殆尽之故吧！

图2-30 《印度尼西亚总统　苏加诺工学士、博士藏画集》高档宫廷书籍
曹辛之设计　德国莱比锡书展获奖作品

谷腾堡的金属活字印刷是欧洲书籍史的一个转折点，印制出来的书籍内页与手抄本十分相似，特别是在书页的版面设计上模仿手抄本。但印刷术也有艺术上的不足之处，主要是印刷的书与手抄书相比较，缺乏个性，形式千篇一律而显得单调乏

味。16世纪是处在文艺复兴人文主义时期，书籍在艺术性上有较大进展，金属印刷活字经过不断改进，有了自身的艺术特点。意大利威尼斯有位阿·马努秋斯认识到用一副阅读效果好的斜体活字将大厚本书以袖珍本开本印刷出来，可降低书价而广为流传。从此时起，欧洲的书籍明显地分成两类：一类是平民书籍，另一类是宫廷书籍。平民书籍又称实用书籍，开本较小可以拿在手中，用9点或10点的铅字印刷，书中还可附上插图，非但印刷质量上等而且价格低廉，而这种低廉的价格是通过较高的印数实现的。由阿·马努秋斯首创的袖珍开本，后来影响到荷兰诸国，至今为欧洲各国所继承并风行全球。另一种富丽堂皇的宫廷书籍，其奢侈程度如同埃及金字塔墓穴壁画的彩绘，这类书是由皇家贵族委托寺院生产的。书封华丽而庞大并镶嵌金银珠宝，如：为匈牙利国王马提亚·策维奴什和法国勃根梯公爵手工制作的书籍，或者为法国贵妇淑女制作的附有插画的豪华本书籍等。这类封建时代书籍也有印刷的，如法国科学院专为国王路易十六制作的书，又如意大利"印刷之王"的波多尼（PODONI）专门为欧洲王室印刷高质量优美书籍，被人称为"王之印刷者"，这是专为富有的书癖印刷的、印数极低的书籍，仅几十本几百本而已。

　　18世纪中叶，书籍出版印刷业也如火如荼、蓬勃发展，到19世纪中叶，在英国首当其冲出现了对机械产品的反叛，首先起来捍卫传统文化的头面人物，是被后人称为"设计之父"的英国人威廉·莫里斯（WILLIAM MORRIS 1834—1896）。在书籍艺术领域内，莫里斯被称为"现代书籍艺术的开拓者"，他又是诗人，又是社会思想家，与马克思的女儿埃拉诺·马克思皆为社会主义同盟的一员，莫里斯不但要一生为劳动者争取权利，同时通过成人教育及为劳动者出版书籍来提高思想觉悟。1891年他建立了一个小印刷工厂，直至1896年他去世时关闭，六年内印刷、出版了52种精美书籍，如《乔叟诗集》《特洛伊城史》

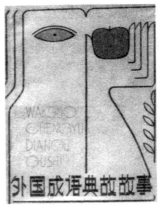

图 2-31 《外国成语典故故事》郭丽英设计　河南人民出版社

《戈尔登·勒根德》，这三本书专门单独刻了三种拉丁字印刷体，其中最著名的《戈尔登》一书字体是他依据古朴的詹森体改进的，这种字体强调了手工艺的书写特点，十分柔美，对印刷活字的发展有较大裨益。莫里斯倡导的"手工艺复兴运动"在欧洲各国得到广泛的响应，在英国、德国、法国首先出现了一批私人印刷工厂，它们主要不是为了营利，而是协助书籍设计者印制精美、少量的书籍，着眼于美观的印刷铅字体、讲究的页面版式设计、优质的纸张和油墨、出色的印刷和装订，这个复兴运动唤醒了欧洲各国美化书籍印制质量，提高书籍艺术水准的职责。

18世纪中叶之后的一系列工业机械的发明，致使19世纪手工艺制作的产品走向低谷，19世纪后半期在欧洲流行分离主义（SECESSION）艺术，开始人们以鄙视的眼光对待它，当时各种调和主义艺术形式风起云涌，各种设计脱离日常生活，而变成毫无实用价值的古董赝品，分离主义正是在这种形势下脱颖而出，它主张艺术结合生活，艺术要与人的生活环境相协调，从一本书籍的设计到住宅的室内环境策划，都要求创造唯美的形式，适应新的现代生活，它吸收并综合了各种艺术流派所长，把实用美术、书籍设计更提高一步。上节提到的莫里斯在英国的手工艺复兴运动，深深地影响了欧洲艺术设计家，纯艺术的重点转向于手工艺与设计，人们需要新颖形式，需要艺术和生活相结合，它不是仅仅满足一眨间的感官刺激，而要随时随地、多方位伴随人们生活中的形式美感，这种思维理念在分离主义各项设计中充分得到体现，其中每一局部受整体设计所制约，如书籍装帧与书架纹饰相协调，形式整体，壁纸，壁饰与灯具，家具相协调，维尔特曾为自己的爱人设

图 2-32 《郭沫若全集》 曹辛之设计

计时装，目的是为了服饰和居室环境相协调。

分离主义风格，几乎同时同步在欧洲几个国家兴起，而各国都带有自身的民族特色，其名称也各异，如奥地利、比利时称分离主义，德国称"青年风格"（JUGENDSTIL），法国称"新艺术"（ART NOVEAU），荷兰称"现代风格"（MORDREN STYLE）等。德国"青年风格"的形成是由于聚集在慕尼黑《青年杂志》周围的部分才华卓著的艺术家——奥托·哀克曼（OTTO ECKMANN）和海尔曼·奥勃里斯脱（HERMAN OBRIST），他们两人创作了青年风格式新颖花纹，这种花纹（STYLE FLORAL）与维尔特的抽象装饰线条的风格不同。1898年哈里·克塞莱尔伯爵委托设计家乔治·雷门为尼采的《萨拉苏什特拉的预言》一书设计了新的字体，并由亨利·望·达·维尔特于1908年作书的装帧设计，采用法国纸张，印刷精美，成为"青年风格"最有代表性的设计，象征着旧风格时代的结束、新艺术时代的降临，在1914年举办的国际书籍艺术展览会上，可以窥见德国的书籍艺术已达到了相当高的水准。

在法国19世纪末，明显地表现出高卢民族传统，因为很多艺术家熟悉18世纪路易十五时代的洛可可（ROCOCO）纤巧烦琐涡形装饰纹的同时吸收了东方日本艺术趣味，东西合璧产生了"新艺术"风格。"新艺术"的哲理是致力于新颖美感的发掘，这美感是通过材料肌理和新造型手法，设计出柔情感人的手工艺品——手工装订的书籍。设计家们经常聚集在画商宾格（BING）的画廊内，因画廊名称是L，ART NOVEAU（新艺术），后来就以此名称呼这一时期的艺术风格，宾格把比利时设计家亨利·望·达·维尔特的分离主义风格介绍到法国，维尔特的实用性概念曾对巴黎书籍艺术设计家产生强烈的影响，使1900年巴黎成为轰动世界的国际博览会会场及展品集分离主义风格于大成，达到了艺术发展的顶峰。

图 2-33 《鹈鹕城市教堂》阿
瑟·麦克默德设计 分
离主义风格

与德国慕尼黑同时在比利时树立了以维尔特为首的第二个分离主义中心，1897年维尔特为德累斯顿装饰艺术展览会做装潢，以它的整体复合性和功能性效果深深打动了德国设计家，如勒依曼·斯米达（P. R. SCHMIDI），同时维尔特又与阿姆斯达坦艺术界有联系，通过书籍及各种平面设计任务，探索了装饰性与构成主义的结合。

奥地利分离主义时期的出现比欧洲各国晚一些，于1897年成立了维也纳分离派，出版了该学派有影响的期刊《VER SACRUM》，它一开始就受到英国分离主义的影响，奥地利设计家设计的书籍都是以线造型的平面几何形，如方形、圆形、卵形。设计家奥托·瓦格纳（OTTO WAGNAR）于1895年设计出版《现代建筑》一书对欧洲产生不同凡响的影响，显露出书籍艺术与现代生活的关系，瓦格纳说"只有现代生活才是我们艺术设计的出发点，其他一切只是考古学"，以此阐明不仅在书籍设计中而且在一切设计中，包括车站、车厢、工业品、环境设计中都如此，瓦格纳培养出不少设计新秀，然而他的学生阿道夫·劳斯（ADOLF LODS）异常反对分离主义的曲线装饰，在19世纪末，劳斯的学术观点中已孕育了构成主义的基本要素，分离主义风格在书籍装帧、书籍艺术上影响到奥地利设计家，已日薄西山沦为在欧洲的最后一站了。

|思考题|
1. 请画八个埃及象形文字，并与破译的拉丁字母对照。
2. 请叙述十种古今中外非纸质书。
3. 请写一篇短文，简要叙述中国书史的演进过程。

图 "永" 字八法

第三章　书籍装帧设计基础

　　书籍装帧设计基础与书籍装帧属性有关，本书前面已谈到：它和绘画有共性，都属空间艺术，它和摄影、素描、水粉画、国画、雕塑、书法、篆刻等造型艺术有至亲的血缘关系。如果没有一定的造型能力和审美修养，要搞书籍艺术设计就很困难，因此它的基础离不开：（1）造型基础；（2）色彩基础；（3）装饰基础；（4）美术字体基础。

　　造型基础是众所周知的，它包括素描、线描勾勒、默画、速写等描绘对象的造型能力，这是学任何造型艺术的初学者必备的基本功，有人把它比作喝牛奶，能滋补书籍装帧艺术设计的造诣。

　　色彩基础主要是学好水粉画，但色彩理论知识、色彩构成、色彩配置方法，也是需要具备扎实的基本功的。

　　装饰基础主要指图案、纹样、平面构成、装饰画、变体画，不论是花卉、动物、人物、几何纹均应包括在内，这门基本功在一般纯美术院校是不设置的，而艺术设计院校认为此课程是每一学员的看家本领，作为一门基础课进行教学。

　　以上三种基础对于一般美术爱好者，初学设计的大多练习过、学习过，或基本具备，只须加强复习，就能无师自通，限于篇幅，不能赘述。其中最令学员们忽视的是美术字体基础，而任何书籍设计总是离不开字体的。字体可以说是书籍封面、装帧的明眸，字体不好，犹似双目无神，使书籍艺术失去光彩，难成力作，所以本章欲详细介绍一下美术字的知识，以引起学员格外的重视。

汉字

　　有人说："书法是纸上的舞蹈。"那么美术字体作为书法之类，好或不好，首先是看设计者是不是擅于写毛笔字书法了。为此，世界各国艺术设计院校新生一入学先要求他们每天练习书法，不论临写篆书、隶书、楷书、魏碑或哥特字体、埃及体、文艺复兴字体均可。通过写毛笔字、平头竹笔字，使学生理解每个字的笔画结构和流畅美感，中国汉字在明代已有"永"字八法之说，名称与今天说法不一定对应，如下：侧→（点）、勒→（横）、弩（nǔ）→（竖）、趯（tì）→（钩）、策→（左上撇）、掠→（撇）、啄→（短撇）、磔（zhé）→（捺），其结构不仅由点、横、竖、撇、捺、钩、弯、折、挑、角等单笔画配置的关系构成，而且要研究字体的平稳、美感与字间点、画大小、

图 3-1　宋体字　　　　　　　　　图 3-2　宋体笔画分解

粗细、长短、间距组合谐调与否等。书圣王羲之说过："倘一点失所，若美人之病一目；一划失节，如壮士之断肱。"可见每一个字之结构的重要。

汉字特征有四点：（1）方块字；（2）组合而成；（3）横画多于竖画；（4）轻偏旁重主体，现分述如下。

（1）方块字。汉字是方块字，有别于英文字阿拉伯文字等外文印刷字体，方块字严谨大方，可以横写也可竖写，在方形基础上，字形可适度压扁或拉长，如篆书、隶书等。

（2）组合而成。汉字大多由偏旁部首、点、横、竖、撇、捺、挑、钩、角各种笔画组成，除单字外，主要有上下、左右、里外三种组合，在组合时要注意比例安排合适，使偏旁部首宾主分明，组合严密，有的字互相穿插、呼应，使字形匀称、谐调、优美、活泼。

汉字结构分为如下形式。

不能分隔形：乃、丐、亥、丸

左右分隔形：伟、引、往、加

右侧上下分隔与左侧合形：褐、设、温、惯

左侧上下分隔与右侧合形：部、韵、款、颖

上下分隔形：昌、昊、胃、委、旨

左中右三段分隔形：树、撒、倒、辨

上中下三段分隔形：章、蓄

上部左右分隔与下部合形：智、努、架、恕

下部左右分隔与上部合形：品、晶、磊、鼎

上下部左右分隔合形：翡

竖横各分出四分之一合形：过、还、迴、延

（3）横画多于竖画。因之在写字时要横画宜紧，竖画略松，形成横细竖粗。所以，有人把美术字写成长方形能获得较悦目的效果。

（4）轻宾体重主体。汉字既由点、横、竖、撇、捺、挑、钩等组成，就产生主副笔画，一般横、竖笔画为主心轴，点、撇、捺、挑、钩、角等是副笔画，偏旁部首均为宾体，而其他部分为主体，主要笔画在整个字空间比例中占位要大，而次要部分占得小，这样写出来的字又稳又美。

中文美术字体大致上分为宋体、仿宋体、黑体、楷体，分述于后。

宋体由楷书演变而来，在宋朝盛行于刻拓、法帖及印刷，竖画粗，横画细，在横线右端有一小三角形，是毛笔字书法中提炼出来的形，另外一竖下端不是平头而是像斜力锋形，最盛期在明朝，故日本人称之为明朝体。它的书写顺口溜是：

横细竖粗撇如刀，点如瓜子捺如扫。

仿宋体由宋体变化而成，可分为长仿宋与方仿宋两种，它笔画细致，非常秀丽，横竖笔画粗细一致，一般都可徒手练习，初学者都是从临写仿宋字着手，多写仿宋字有助于理解、熟悉汉字结构。它也有一句顺口溜是：

起笔顿顿，落笔顿顿，粗细一律，

间隔均匀，上下顶格，左右碰壁，

横平竖直，点捺勿弯。

图 3-3　黑体字

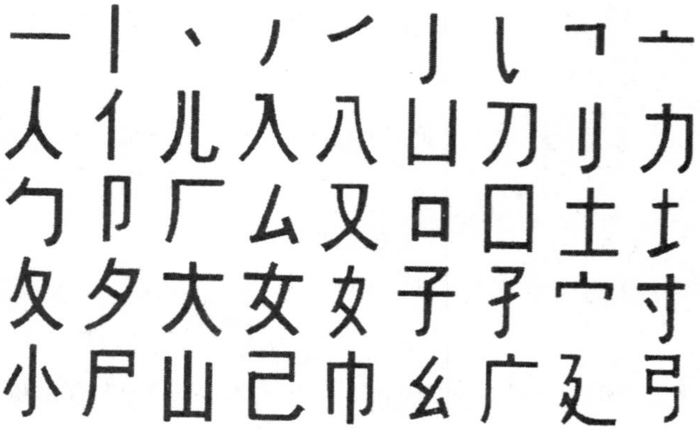

图 3-4　黑体笔画分解

黑体类字笔画粗肥一致，极为醒目，亦称方头体，感觉上比同大的其他字体略大些，印刷后黑色着墨密斑。标题用黑体显得醒目、有力，在书写时遇到笔画多的字必然拥挤不堪写不下，故要将笔画适当改细，进行调整；笔画少的字要将笔画适当加粗。总之，黑体粗细要适当调整，使字体匀称美观。目前我国香港特别行政区及日本流行在黑体字横竖笔画两端的直线改为弧线，使方中见圆，也是个创新。

图 3-5　左图为方格内撑足格所表示的各种字形；右图为经入格、出格大小调整后的字形，从整体看大小均相等。

图 3-6　正方形字与菱形字的入格出格图例

勺 太 江 犬

图 3-7　点的位置不同而大小各异，如"勺"之点居中；"太"之点位居中靠下；
"江"之点占右侧；"犬"之点居右上，故"勺"之点大于"太"之点，
"江"之点小于"太"之点，而"犬"之点为最小，同为一个点，视觉的感知不同。

雨 丁H 雨 丁H

图 3-8　同一方格内，顶格的横线与顶格的竖线调整前后的字形，如"雨"字。

春眠不觉晓　学勤尤知少
处处闻啼鸟　少知尤勤学
夜来风雨声　书读不怕多
花落知多少　多怕不读书

图 3-9　宋体字及黑体字

楷体盛行于清朝，婉转圆滑，柔中带刚的笔触，表现了优美温柔的汉字特性。

上面已讲到我国文字的特点是方块字，因笔画有多有少，有疏有密，视觉上会产生同一大小的字，感觉上有粗黑及细弱的差别。所以当写笔画少的字时，重点在文字造型上要取得适度的均衡，故同一尺寸方格内的字形要做适当修正，菱形字（如"冬"字）觉得比邻近一起的字要小，正方形字（如"国"字）觉得大，所以要做到一行字大小均匀，除根据字形注意笔画统一外，还要纠正视觉错觉的影响，采用把字写成满格、出格、入格等法。所谓均匀就是要求一行字整体上大小一致，把字写到正方形格子里边，字不应一样大小，因为汉字繁简笔画不同，故在写时要对字形笔画、轮廓做适度调整。一般见方的字和笔画多的字显得大，笔画少的字显得小，为求得在整体字群大小一律，显得大的字要写得紧凑些，见小的字要写得敞开些，正常字要撑足格子写。

入格：带方框的字显大，写时要将方框向正方格内略加收缩，如：国、匡、网、幽、画、闸，根据框内外笔画多寡，收缩量也有所区别。

出格：笔画少的字，结构单纯，容易感到瘦小，故写时要敞开写出格，如横、竖、撇、捺、点、挑、角可以写出方格，以求得与左右邻近的字取得均匀一致，如：义、上、小、夕、十、大、冬。

线的修正：正方形的方格内，垂直线长时呈长方形感觉，如"雨"字中间那条垂直线要略短，才显得比例合适。

点的修正：汉字之点、方位不一，如：勺、太、江、犬。"勺"点居中，写时要拉长，"犬"点居上，写时要缩小，这样看起来较稳定、谐调。

意念字：这里讲的意念字和一般商业美术上常用的花体美术字有所不同，花体美术字在书籍装帧设计上用的范围小一些。而意念字能启发设计构思，事半功倍地求得设计新颖感。第二章结绳记事一节里讲到汉文字是象形文字，但还有一种象意文字在今天可以探索，它超脱了具体的"形似"，将具体的"形"集中概括为抽象的"意"，赋予字以强烈的意念。设计字形时把握住字的含义，并使之强化、引申，如再版的"版"字重复，校正的"校"字横写，有时还可将字的某一局部适当加以可视性简略形象，如伞、赌。除了象意文字还有一种象声文字，将某些文字之形符与声符组合为字，如芒，形符为"艹"、声符为

图 3-10 意念字（伞、钉、雪、赌……）

图 3-11 意念字（理发、鸟巢、夫妇、SCINCE）

"亡"，草字头为形，亡字为声；另如左形右声，如论，"讠"左侧为形，"仑"右侧为声。设计意念字时，抓住象声文字，使之兼具可视性（形符）与可读性（声符），通过设计者形象性的艺术语言，使声符仍保持原音。如：花生油的"油"字，在左侧三点水形象化为三颗花生，而"由"字又保持了"油"的声符。再如"钉"字，左侧为金属的"金"，右侧形符与声符均为"丁"，也颇为奇趣。意念字设计方法很多，因为渗透了设计构思，所以要标新立异，别出心裁，异想天开地进行"为伊消得人憔悴，衣带渐宽终不悔"锲而不舍的精神，才能获得奇妙的效果。

第二节

拉丁字母美术字体

书籍装帧艺术设计基础除了汉字美术字体，还要学习拉丁字母美术字体，因为我国开始逐步推广汉语拼音，在世界上使用拉丁字母的国家约有60个，以英文为例，它是按A ～ Z共26个字母排列，我国汉语拼音也运用这些字母。随着旅游事业的发展，国际交往日益频繁，不少书籍封面中外文字并用，所以学会写好拉丁字母美术字体是一举多用。

一、拉丁字母的种类及简要沿革

1. 古典字体（古罗马体）

公元1 ～ 2世纪发现图拉真皇帝石碑上镌刻的罗马大写体，它的特点：字脚线与希腊柱头相似，成为后世学字的碑帖。

2. 古典主义字体（现代罗马体）

18世纪法国大革命后，提倡文艺复兴和希腊文化，在艺术

图 3-12　古罗马图拉真皇帝的
石碑文字

史上产生了古典主义，主要反对宫廷艺术的巴洛克和罗可可风格，古典主义字体的特点是：粗细笔画对比强烈，字脚线工整笔直。

3.现代自由体

19世纪，即资本主义兴盛时期，在英国出现第一批商品广告字体称格洛兑斯克（GROTESK），它完全没有字脚，字体笔画粗细一致，像汉字黑体字，故称石头体、无截线体。同时还产生一种埃及体，它的区别在于黑体字上加截线，如A，也称平头截线体，此两种字粗壮有力，远视大方醒目。

二、拉丁字母美术字的书写规律与要点

拉丁字母大写字母的结构可以按A～Z的形归纳为4种：方形（D）、圆形（Q）、三角形（A）、直线形（I）。按拉丁字母结构组成可以分为单结构形与双结构形。单结构形如Q、C、G、D、V、N、Z；双结构形如S、B、E、R、K、H、X。

拉丁字母古典字体，字的大小不同，因之在书写时，字的比例不同，大致为4：4、4：3、4：2。然而若为古典主义字体，大小比例相同，黑体字中有一种石头体，除个别字母比例特殊外（I、W、M），极大部分字母比例均为3：5，所以书写此类字体很得心应手。

三、纠正视觉错觉的方法

在汉字美术字一节中，已经提到纠正视觉错觉的问题，但在拉丁字母美术字体上，这个错觉问题较显著，故必须再赘述几句。

当我们看两条同样长度的直线，由于两端的辅助线方向不同，而令人感到长度不一的错觉。一个长方形的对角线相交之点称为几何中心，当一幅画放在镜框里，往往要将画略往高处提，使画离下部框架远一点点，心理上才不会有压抑之感，这

ABCDEFG
HIJKLMN
OPQRSTU
VWXYZ

图 3-13 外文美术字：黑体
（GROTESK）又称石头
体、无截线体。

往上提一点点即是视觉中心之点，所以人感到美的视觉中心要比几何中心稍高一点点。在书写拉丁字母双结构字体时，也须把中间横线、交叉点往上提一点点，如 H、E、B、X 等，才吻合视觉中心，给人以美感。

其次，前述拉丁字母字形大多为方、圆、三角形，所以当无数字母并列成词时，方形见大，三角形见小，这就应当把三角形的字写大一点，使其与方形在视觉上接近。

第三，字母线条交叉处，尤其在写黑体字时显得黑色太集中，像个死疙瘩，那么写时可适当在笔画交叉处写得细一点，以求得均匀，另外当竖线条与横线条粗细一致时，可适当将横线条减弱些，这样会有舒服的视觉效果。

总之，我们要将易产生错觉的地方加以调整，达到感觉上的舒适美，而不是循规蹈矩、机械地去写美术字，这也正是画圣石涛大师所告诫的："至人无法，非无法也，无法之法，乃为至法。"

第三节

汉字与拉丁字母的创意设计

上两节讲了书籍装帧设计基础中汉字宋体、黑体和拉丁字母中的古罗马体、GROTESK体（黑体），这些字体仅仅是传统媒体中印刷用字以及电脑荧屏上的常见字体，司空见惯，太一般化、规律化，虽很经典，但阅读频率高了产生审美疲劳在所难免，抓不住读者的眼球，不能引人注目。《雷雨》作者曹禺先生的女儿万方（曾创作《空镜子》《空房子》）在话剧《有一种毒药》的新闻发布会上说："我父亲的剧作非常富有戏剧性与传奇性，严格遵照着'三一律'，而我喜欢打破这个规律，把看似近乎平淡凡俗的生活场景搬上舞台。"仅从此番话启示我们打破陈规和创新，是艺术与设计之魂，即所谓艺术要懂法，但又不拘泥于法。外文字体设计也理应如此，字体设计要在宋体、黑体、古罗马体的基点上开拓创造，才能丰富、升华书籍封面字形的独特性与新颖性。

那么怎样去设计新颖字体？在高等艺术院校字体教学中大致有三种方法。

其一是在传统、规律的字体上做"加法"，即加上装饰纹，加以形象化，或将字形拉长缩短，变体变形，这样会产生一种正常视觉的异化，产生审美感。但装饰不能过多，要有度，即要有分寸感，欧洲在19世纪末20世纪初在艺术设计上曾提出"装饰即罪恶"的惊示，在艺术史上也是一面镜子，在字体设计中可"以史为镜"、删繁就简，由人体组成的A到Z拉丁字母便见端倪。

其二是在传统、规律的字体上、字母上做"减法"，为何只减不加，理由颇多，但有一点是与生活节奏越来越快，经济发展越来越迅速有关。从哲学层面讲：经济基础发生变革，它的上层建筑、意识形态、精神思维也要随经济变化而变化。试看你手腕上的手表表盘上的数码标记已删除了古罗马体Ⅶ、Ⅻ了，表盘上仅是△、○、□形几何体或3、6、9、12四个数字，简练得很多很多了。西方《国王的演讲》的封面有两种设计方案：一种用剧照，较繁杂，凡俗；一种用符号（LOGO）麦克风与皇冠组合，非常简洁，内涵，一目了然。事实上在艺术设计中"做减法"比"做加法"在构思上要艰苦，要有智慧。那幅红色蛙人下的英文"THE BEAUTY FROM FOLK"17个字母，基本上都是在"做减法"，每个字母少一竖一角或缺一横一线，但字母个个都能识别不会误读，简练又符合快捷的时代美感。

图3-14 人体组成的拉丁字母

图 3-17 红色蛙人

图 3-15 《国王的演讲》剧照
封面

图 3-16 《国王的演讲》封面
麦克风与皇冠

其三乃香港艺术字体设计师蔡啟仁先生在教学中创造了一系列字体造型归纳训练，其原则是在不妨碍汉字识别的基点上将字体中笔画间隔，架构连接起来形成"墨猪"（苏东坡语，意为黑墨集中处）。不论是宋体黑体字都能在变形后具有简洁新颖感，产生一种新字型，变体字、独特字等也是一种变形字的探索并从中可以受到启示。

总之，字体变形方法多种多样，变化无穷无尽，开动脑筋就可创新，为此文后附上高等艺术院校学生习作及报刊发表的多种变形字体、字母。供读者借鉴，举一反三，触类旁通，使封面及一切平面设计的美术字形美上加美！美上加新！

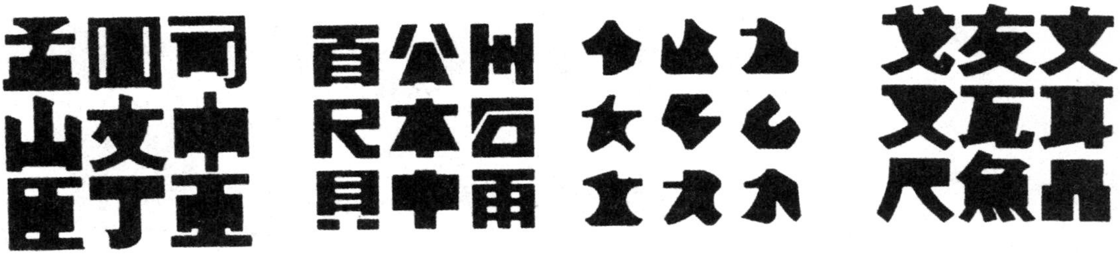

图 3-18　变形字体

| 思考题 |

1. 宋体、黑体、美术字中哪类字应写在框架格子之内，哪类字应适当写出框架格子外，来使字与字间视觉上取得谐调，请思考并将"团、司、冬、少"四字写在5cm×5cm的方格内。

2. 英文拉丁字母字体，从A～Z，请归纳一下，哪些字是上下层结构，哪些字的中线要略高于中心线，请举例阐释。

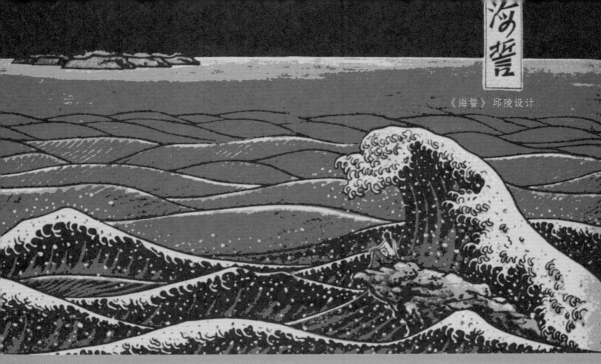

《海誓》邱陵设计

第四章　封面设计

　　西方神话说：当伊甸园里的亚当将无花果树叶编成花裙子送给夏娃穿时，人类就开始有了装饰门面的需求。封面乃书的门面，也是位不说话的推销员，封面（BOOK COVER）包住全部书页，起保护作用，它又称书皮、封皮，由三部分组成，即前封、后封、脊封（书脊）。封面是书的外貌，应体现书的内涵与性质，并使读者产生美感，因此，封面设计在整个装帧艺术中是极为重要的环节。

　　封面设计一般包括书名、编著者名、出版社名等文字，以及体现书的内容、性质、体裁的装饰图形、色彩和版面布局。封面设计虽从属于书的内容，但某些书籍封面的构思、装饰具有一定的独立性，它可以作为供人欣赏的艺术品，也可进入艺术画廊公开展览，由于它采用形象语言来补充、加强书籍内容，从而也有其独特的、直观的、潜移默化的教育功能，封面设计是一门实用艺术，在体现书的内容基础上，还要求有装饰趣味，起到美化书籍、点缀书籍的作用。并不是任何绘画不加修饰思考、剪裁处置都可适合装饰封面的。现在有人将名家的油画、国画不加设计，原封不动缩小到方寸邮票上，称为邮票设计，这是不妥当的，也糟蹋了名家的艺术。日本装帧家恩地孝四郎（1891—1955）曾说："单单用画来装饰书是拙劣的，书籍装帧好似舞台布景，要能为特定的戏剧服务，不是什么画都可拿来放大当布景的。"

　　各种艺术都有它的独特性，正因为其独特才能使这门艺术存在而不泯灭，装饰书封要考虑书的内容，如果不吻合书籍本身的特性，无论怎样装潢美化，都可以说是毁坏了书的面目。封面设计绘成彩稿以后，仅仅是完成设计工作的前奏，书封还必须通过制版、印刷、装订等工艺流程，才能体现书的艺术效果，因此，它必然受到生产工艺条件的制约，所以在设计封面的同时还要考虑印刷、制版等条件。

第一节
封面设计的构成要素

一、开本

　　装帧一本书，美化一本书，在画封面或护封前，首先要确定它的大小比例尺码，这就是书的开本。也即指一本书的面积大小、长宽比例，指一整张纸能裁切、折叠成多少张幅面相等的书页而言。

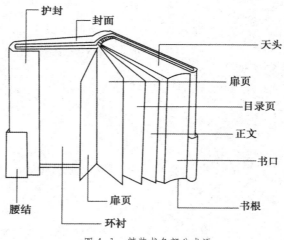

图 4-1　精装书各部分术语

　　在我国出版界一般都以787mm×1092mm幅面纸张的1/32大小的书页为标准，称作小32开；裁成1/16的书页，称作小16开；裁成1/24的，称小24开；裁成1/64的书页，称小64

开，以此类推。假如以850mm×1168mm纸张的1/32裁切，为了同小32开区别，习称大32开，如果以900mm×1220mm纸张的1/32裁切，则习称特大32开，小32开和大32开是现在常用的开本，特大32开主要用于经典著作，如《马克思、恩格斯全集》的布面精装本。还有一种787mm×940mm纸张的1/32开本，在人民出版社内部戏称为40开，如该出版社的《燕妮·马克思》一书开本，因为它与787mm×1092mm的1/40大小相同。开本种类不胜枚举，加上纸张幅面不一，欧美、日本进口纸标准各异，假如只说多少开，容易误会出差错，每本书的版权页上记载开本时，都标明整张纸幅面尺寸，就比较精确。

图4-2 《外国文艺》任意设计

　　一本书的开本大小、比例总受人们手和眼的支配，正常眼睛视力看书总得离书本一尺远，而且都用同样姿势握书看书，因此，书籍开本要依据人体工程学和实用目的来确定，这需要考虑一般成年人的身高和手的大小，即根据书的对象类别和书的品种性质来决定。一本书设计得像课桌大小是不可取的；设计成邮票大小的微型书，则是工艺品；很笨重的书不受老年人青睐，因为拿它太不方便，所以书籍开本得依据书的体裁、字数、性质、对象诸多因素来思考，吻合实用性、美观性和经济性三原则。

　　根据实用习惯，书籍可分两大类：一类放在桌上供学习用，另一类靠在椅子或火车座上阅读。人们也常喜欢随身携带小型方便的书，如果是一本窄长条开本的书，那么握在手上读上几个小时都不觉累，所以根据书的用途与特征，选择一种符合"人体工程学"的书籍开本比例，对书籍设计者来说是第一位要思考的，如同服装设计师对衣料尺寸的思考一样。目前国内出版社流行的开本大都为32开和16开，比较单一，涉及改变书型的比例很少，而比例法则正是决定美感的基础之一。书籍比例主要是高、宽、厚度之比，达·芬奇画师曾说："美感完全

图4-3 《他山漫步》
姬德顺设计

图4-4 《怎样打高尔夫》［英］

图4-5 《高女人和她的矮丈夫》 陆震伟设计

建立在各部分之间神圣的比例关系上。"艺术中的比例如同音乐中的和声，达·芬奇认为这是艺术必修课之一，学画儿童必须先学万物比例。古希腊流传下来的黄金矩形比例大约为1∶1.618，而书籍比例，不论是32开、16开均为1∶$\sqrt{2}$（1∶1.414），有的书比例为1∶$\sqrt{3}$（1∶1.732）。定居瑞士的德国书籍装帧家约翰·契肖特曾将矩形比例分为三种：一种为古希腊黄金矩形比例；一种为根号比例，如1∶$\sqrt{2}$、1∶$\sqrt{3}$、1∶$\sqrt{5}$等；另一种为单值比例，如1∶2、2∶3、3∶4、5∶9、21∶34等，但两者之间数值差是微乎其微的，这种比例关系是理性的数学逻辑所延伸出来的型体设计。约翰·契肖特又说："开本比例的好坏，将决定一本书的美丑。"可见书的适用性和美观性首先取决于开本的尺寸，譬如，3∶4比例的书用于大开本显得美，因为它适合于放在书桌上摊开阅读，但如果一本袖珍本用3∶4的开本比例，则不便于携带也不美观，那还不如用1∶$\sqrt{2}$的开本携带方便，要携带方便的书必然是细长形，否则手掌都握不住。一些放在身边经常使用的工具书，开本可尽量小些，如《新华字典》为64开；高等学校教材因文字太多，一般开本为16开；诗集因短小分行刊印，字数不多不长，为了节省纸张和印工采用狭长开本，如《马雅可夫诗集》为长32开；美术画册、画报，因图片幅面横竖不一，为了使版面编排方便，开本宜近方形，采用6开、12开、20开；中国画狭长条幅形式居多，一般采用长方形开本；连环画、通俗读物随身携带，采用64开；音乐的乐谱大都用于演奏家演出，开本不宜太小，否则演奏时乐谱上的音符既密又小，不易看准，一般为大16开；儿童读物开本与一般成人书籍又有所不同，它要求图文并茂，开本设计上通常采用正方形，如12开，28开；某些特殊书籍，书稿字数量很多，又不适宜分上下卷出版，也采用大开本，这样每页可多排些字，相应页数可减少，同时书脊厚度也不致过厚，如《英汉大辞典》等。

从全张纸到装订成书籍要经过裁切和光边，在书的天头、地脚、飘口三面各切去约3mm毛边，所以一本小32开的书，其实际尺寸为：130mm×186mm，由于它的大小比例适中，所以一般书普遍采用这种开本，但世界各国由于造纸机器规格不一，因之整张纸幅面各异。以日本为例，它们标准规格纸的尺寸分A、B两种系列，A系列为841 mm×1189mm，它的1/32为148mm×210mm（称A5号纸），B系列为1030mm×1456mm，其1/32为182mm×257mm（称B5号纸），复印机上用纸大都以A4、B4、A5、B5为标准。

图 4-6 《曲公印存》 装帧家
曹辛之的篆刻集，由
其本人设计

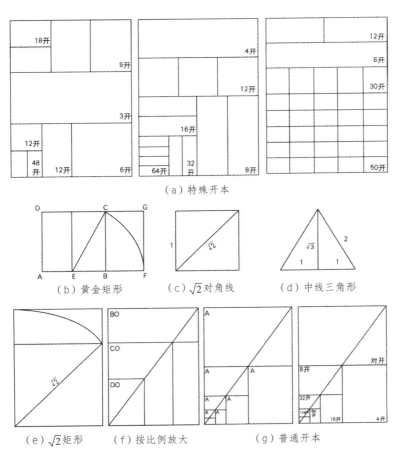

（a）特殊开本

（b）黄金矩形　　　（c）$\sqrt{2}$对角线　　　（d）中线三角形

（e）$\sqrt{2}$矩形　　　（f）按比例放大　　　（g）普通开本

图 4-8　书的开本

图 4-7 《燃灯者》 张守义设计
人民文学出版社

中国传统的线装书封面，一般为普蓝色，开本较长，翻开书内页，天头大，地脚短，适于我国古代书生、文人明窗净几，秉烛达旦，坐而攻读的姿态，吻合当时的生活习惯。线装书装帧各部名称为：书首、书根、书口、书背、书眼、书签。内页纸用双折页宣纸，折页处有两个对称小三角形"⌐"称鱼口，线装书封面上左侧有书签，书签上写书名，右侧有书眼订口用丝绳订扎成册，由左往右翻阅，书背上没有书名，而书根上往往用来书写书名，因为它在书柜里是平放着的，书根朝外，这与直立竖放在书架上的现代书籍形式，骤然相悖。

二、单页

1. 环衬页

一本精装书翻开后，衬在封面背后（封二）和扉页之间；以及后封三与正文末页之间的书页。前者称前环衬页，后者称后环衬页。（平装书，普及读物大都不用）书前后各有连接的衬页，故称"环衬"。因精装书为装订所需，都得用环衬，环衬的一半粘在前封二和后封三的硬马粪纸纸面上，这样和整本书芯粘结相连，成为精装书。

环衬页可以用彩色纸，文艺类书可在环衬页面添加图案装饰纹，装饰线；地理类书的环衬可刊印地图；历史类书的环衬可以刊印年代简表，各类不同题材内容的书可结合书的内涵特式来设计，以此类推，举一反三。另有一种"假精装书"即将前环衬封二的后半页与扉页合二为一，在扉页上也可印上书名、著作者名、出版社名，称"假精装"。

2. 插页和篇章页

插页在书刊中有两种含义，一种是指夹在正文中而不与正文文字相连贯的，即一页书页用一张铜版纸印刷与正文内容有关的插图、照片、图表等；另一种是在全书各主要部分之间用

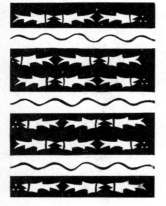

图 4-9　环衬图样

插页隔开，页面上印有这一部分的"篇""编""章"的先后次序名，这种插页为"篇章页"。

在西方精装书里，翻开书封，扉页上常能见到一帧卷首插图，即正文前插图，有印著作者肖像画或木版插图，扉页插图最好以版心为界，才能保持书籍整体统一之美。

3. 版权页（版本说明页）

刊录一本书的出版情况，大都刊印在扉页背面或书本末页上。至于版权页上内容应依据中华人民共和国新闻出版总署关于图书版本记录的规定，大致上包括著作者姓名，出版社名称，出版年月，编辑、绘图、装帧设计者姓名，参与印刷厂名称，还要注明纸张量、开本、印数等。

4. 版心

每一书页上刊有文字部分，版心越大，书页四周空白越小，版心所容纳的字数必多，如字典，词典类工具书版心较大，然而版心过大可能影响阅读的视觉效果，故版面设计者应该依据书的不同体裁内容，确定大小各异的版心。

5. 书眉和中缝

印在版心以外空白处的书名、篇名、页码，为了便于翻检，一般横排页页码印在版心上端，称"书眉"。直排页页码印在版面切口处，称"中缝"。但页码通常也有放在书脚下空白外侧或正中，用一行空白与正文最末一行隔开，页码一般用罗马体"阿拉伯数字"或GROTESK体数字。如果页码放在任意方位，或采用大号数码也未尝不可，应务必使其在翻页时容易被识别、发现，不影响读者阅读。

一切书名标题页、篇章页、目录页、版权页都应计入页数，但可不注页码。另外，按不成文的习惯，单页码上的书眉排"篇名"，双页码上的书眉排"书名"。然而版面设计者可遵循石涛画师之言"无法之法乃为至法"，可突破规程法

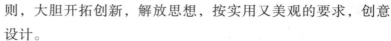

则，大胆开拓创新，解放思想，按实用又美观的要求，创意设计。

6.天头，地脚，书脚

一本书的上顶端称"天头"，一本书的下尾端称"地脚"，这很易理解，每面书页近地脚的版心下面空白处称"书脚"，一般用来放页码。古代中国线装书也有在地脚处印书名，如《欧阳文忠公集》；现代设计家吕敬人教授别出心裁地在书的切口处印上梅兰芳的剧照，都是充分利用书籍空间、发挥设计者想象的一种创意尝试。

三、护封

也称包封，是放在精装封面外的，有勒口折边，有护封的书称精装书或假精装书。书从质地上分，用马粪纸做的硬皮封，称精装书；用一般薄软纸做的书封，称平装书。精装书就是把书芯加工裁切后，再把加工好的封面粘上去，这种装订的硬封面比书芯稍大 1～2mm，精装书的结构比平装书细致，其装订工艺也比平装书复杂，精装书书脊分圆脊和方脊两种。精装书的优点是高贵、美观又坚实牢固、久藏耐用。精装书护封一般用高质量的铜版纸印刷，护封上印有书名和装饰图形，前后有勒口勒住硬封。精装书必有"环衬"，又称"连环衬纸"，粘贴书芯的首页和末页，环衬也须设计，可上色或可装饰。一本化学书，在环衬上可印上各种元素表；一本地理书，在环衬上可印中外地图。也有人认为环衬像天安门到故宫午门经过两侧的长条耳房建筑，因为精装封面打开就显示一长条环衬，再翻一页就是书名页，两者框架结构有相似之处。与护封相关的是"飘口"，即护封超出书心的部分，也有称"勒口"的。

护封离不开精装书，两者相辅相成，这里简要介绍一下精装书的加工方法。精装书基本上有书壳、书芯和上壳三个工序，

图 4-10 《梅兰芳》吕敬人设计

书芯须加工，可分为扒圆、起脊、刷胶、贴纱布、放堵头布、再刷胶、粘书脊纸等工序；而书壳的制作又可分为：刷胶、摆纸板、摆中经（中缝腰）、接面、压平等工序。书芯和书壳做成后，使其干燥，再在书壳上烫印书名，装饰图形，然后再进行第三道工序"上壳"，经扫衬、压平槽后，一本精装书就完成了。

四、装帧材料

材料也是有形象的，不同的装帧材质，可以显示不同的格调和品位，亚麻布粗犷，丝绸柔软，棉布朴实。现代的书籍装帧，越来越依靠材料的肌理和性能，用来显示装帧的时代风格，几十年前我国装帧材料品种太少，质量又差，一般精装书只能是纸面布脊，高档一点的才用漆布、绸缎、织锦。漆布相对价廉、黏合性好，但有点怪味；绸缎不耐磨且价格昂贵。近十几年来由出版社和生产单位共同开发，试制出了一些装帧新材料。

1. 聚氯乙烯涂塑纸

以铜版纸为基底，涂上聚氯乙烯之后压花而成，有仿皮和仿布等花纹，此材料可烫金箔、烫电化铝、压粉箔。规格有每卷长50m×8.40m和每卷长50m×10m。当前世界各国出版社多用这种材料取代漆布和棉布，是很有发展前途的新颖装帧材料。它具有耐磨、耐折、耐光、耐寒、耐老化等优势，达到了装帧材料所要求的技术指标。此材料装帧工艺方便、刷胶量少、黏合力强。蒙面、包边、扫衬等工艺都比漆布好。用它装订的书籍，中缝收缩小、尺寸稳定、花色品种多，既可节省大量棉布、丝绸，外观也比棉布美观。

2. 花纹封面纸

是我国近年来研制的新颖装帧材质，它适用于环衬、平装书封面，这种材料是在纸表层涂上化学制剂，再压上各种花纹。同时此材料适印性能好，油墨在8小时内即可干透，并能在150℃的高温下烫炙而不变色，一般是选用140g/m²书皮纸进行加工，其规格大小为787mm×1092mm。

3. 硝化纤维漏底漆布

适用于精装书和画册的封面，它用人造棉做底基，涂层极薄，颜色品种多，保有清晰的布纹，兼有棉布、漆布的优点，能适应各种烫印工艺。

4. 涤纶片

适用于做精装书和画册的护封等，它光亮耐折、透明度强，不需要印纹样和色彩，主要显示封面本身的美，规格齐全。

5. 塑料薄膜

多用于平装书封面，也可用在护封上，使用方法是在印好的封面上，再压上一层塑料薄膜，使书籍坚固耐用。它是由聚乙烯、聚丙烯、聚苯乙烯制成的，制作方法分内层纸化法和表面加工法两种，内层纸化法是在塑料里加入白色颜料和添加剂制成薄膜；表面加工法是在塑料薄膜上进行表面涂层处理而成。

6. 亚麻布

适用于画册、精装书的封面，色泽有本色，漂白粗纹、细纹，也可按设计要求染成各种颜色，规格为910mm×720mm。

7. 漆布

是精装书封面的常用材料。它是用棉布、人造棉、化纤布做底基制作而成。纹样有橘皮纹、布纹、水裂纹等，色彩多种多样且能适应各种烫印工艺。虽然色感、手感都不大理想，但由于其经济耐用且目前尚无更多的替代品，所以大量书的精装本还只能用漆布。

8. 电化铝

又叫烫印铝箔，是一种金色烫印材料，也有红、绿、蓝、黄各种色泽，以金银两色为多。一般将书名或纹样烫压在精装

图4-11 《糖》封面
旺忘望设计

图4-12 俄罗斯书籍内书名页
勃·舒伐尔察设计

封面上，在巧克力包装装潢上也常用之。规格有0.45m×60m和0.465m×60m两种尺码，按烫印所需温度又分为8号、12号、15号。如8号所需温度为80~90℃，适用范围是纸张、皮革、漆布。12号用70~85℃，适用范围是硬塑料和有机玻璃。15号适用于烫印软塑料，可用65~85℃。

图4-13 俄罗斯书籍内展开书名页 达·俾斯底设计

9. 粉箔

又称色片，是20世纪常用的一种产品，用来烫印精装书封面，此材料没有光泽，颜色有红、黄、黑、白等20多种。规格为170mm×250mm，每盒250片。由于它是长方形的小色片，所以只能手工烫印。现在上海研制成了卷筒粉箔底基，烫印工艺可用机器操作，使效率大大提高。

10. 黄板纸

又名马粪纸、草板纸，精装书壳主要材料。可依据书的厚度，选号使用，黄板纸的规格与普通纸不同，是用号码来表示厚薄的，号数越大纸板越厚，一般分为4号、6号、8号、10号、12号、14号、16号7种，按规定4号重量为200g/m²，每加一号增加55g，规格大小有787mm×680mm、787mm×1092mm、787mm×546mm 3种。单板纸的原料是稻草和麦秆，这种稻草一般用石灰蒸煮成草浆生产而成，纸张要求平整、坚韧。质量较好的黄板纸首推辽阳地方生产的纸板。除了黄板纸还有铜版纸、胶版纸、白板纸等。

第二节

封面设计的构思

　　有人说：艺术像座大厦。虽每一窗口标着音乐、舞蹈、美术、戏剧、电影、设计，但在大厦内部是走得通的，所以艺术的各门类的构思也是相通的。文学家的语言由文字构成，音乐家的语言由音符组成，舞蹈家的语言由身体构成，设计家的语言由图形、色彩构成。各种语言都将经过构思所创造的艺术形象表达出来，并用它去唤起读者的共鸣，达到审美功能。据《北京晚报》1982年1月11日刊载："参加全国青年自学经验交流会的广东代表王辉，自学英语，当上南海石油勘探指挥部外事翻译。他阅读英语《托福TOEFL》一书时，书的封面设计启示了他。在书封上画着人头部的眼、耳和嘴三个部位，并有三个手指指点着。意思是学好英语要在这三个方面下功夫。从此他坚持眼睛多看，耳朵多听，嘴巴多读、多讲、多背……"从这则报道可以说明封面设计的构思切题，也许还可以设计得更含蓄些，但此封面已启迪王辉思维的火花，使他自学成才。

　　王维的诗"大漠孤烟直，长河落日圆"，完全可以用点、线、面画出来。诗人从画上能意会到诗意，画家从诗里能寻觅到画意，所以找不到诗意的画是缺乏构思的平庸之作。构思即设计，创意的开端是灵魂，是思绪，是设计家对生活素材的溶解，像从矿石中冶炼纯金一样辛劳。构思也是设计者对素材进行取舍和浓缩的过程，取舍、浓缩得体就能使读者获得艺术享受和审美满足。这就关联到设计者艺术造诣、修养的高下，不平凡的封面设计都蕴含着不平凡的艺术构思。宋代有位孙知微画师给大慈寺作壁画，他接受了这项任务后，构思了一年多，始终不肯下笔，有一天他酝酿成熟后，才仓皇进寺庙，索墨挥毫，顿成杰作。司马相如写文章咬着笔杆，长时间苦思，当他构思成熟后，笔毛竟已凋落不全。张衡构思《二京赋》耗去十年工夫。马雅可夫斯基作诗，为了描述一个孤独的男青年对他的爱人如何钟情，冥思苦想了两天两夜，还是找不到恰当的诗句；第三天夜晚，他继续反复琢磨了许久，弄得头昏脑胀仍一无所获，只好上床睡觉；睡到子夜，迷迷糊糊之中，他的脑子里突然有了灵感，于是赶紧下床匆匆写下诗句。虽然这些传说逸事不足为据，但可领会其中的精神。当今名艺术家李可染先生作画，常是"向纸三日，废画三千"，可见构思劳动是极其艰辛的。从事设计的人都有过这样的经验，在构思一个封面图稿时，开始想得很好，当执笔面对白纸和颜色时又感到迷茫，构思中产生的形象和色调在落笔布局时却难以具体表现出来。若丢放一边，不几日脑海里便空无一物，这就叫构思之困惑与苦楚。所以不能轻易放弃任何一滴构思灵感，即使是尚处在幼苗状态的片思只绪，也要抓住不放，持续思索。许广平女士在《欣慰的纪念》一书中回忆，她记得鲁迅说过"写小说是不能够休息的，过了一夜，那个创造的人物脾气也许会走样，写出来就不像预料的一样，甚至会相反"，鲁迅先生根据经验指出了创作设计中的一个现象。艺术家在创作中要十分珍惜灵感（INSPIRAT）的出现，不论在什么时间与空间，都要不失时机地抓住"稍纵即逝"的思绪，牢牢把握住最佳的创作设计状态，并一鼓作气地完成自己的设计。那么，人何时最容易产生灵感呢？据专家调查，大约90%的人产生灵感的时间大都是在早晨起床后、深更半夜和进入睡眠前后，这段时间是特别容易激发灵感的黄金时刻，此外，在工作和学习中10点到11点之间，最容易想出好点子。那么，人又在何种场所容易启发思维呢？一

图4-14 《时代》杂志 理想
广告公司设计

项对821名企业家和职员调查的结果表明，容易使人产生灵感的场所依次为躺在床上、步行时、飞机上、火车上和船舶上。我国北宋著名文学家欧阳修曾说："构思文章最好之处是马上、枕上、厕所。"调查结果与此说法很一致。另外，如果把场所按家中、外出、工作单位三个方面来分，家中为42%，外出为45%，工作单位为13%。显而易见，坐在单位是不容易激发灵感的。

生活是构思、灵感、设计的源泉，没有生活体验、生活不深入的设计者谈构思，一则无原料可构，二则构而无思。刘勰著《文心雕龙》中说："积学以储宝，酌理以富财，研阅以穷照，训致以怪辞。"意思是说渊博的知识是构思的资源。有一则笑话说：古代有个秀才每天苦思冥想，抓耳挠腮写不出文章，非常苦恼，他妻子眼看他愁眉苦脸，体形日衰，向他说："你写文章怎么比我生娃娃还痛苦呢？"秀才无可奈何回答："你生娃娃肚子里有东西，而我肚子里空空如也，不一样唷！""读万卷书，行万里路"，设计家应尽量出外旅行，开阔生活的视野。侯宝林《醉酒》相声中"光柱"一段是他在生活中见到两个酒鬼在路上，其中一个在马路上画一条线要另一位往里钻，而获得启示，改成往光柱上爬。因此，说相声也应有生活体验。再看画家黄永玉，据他说："我呆坐着听政治报告，思想开小差极无聊，两眼呆望身边掉了绿漆的门板，之后赶着回学院附近的家，画了一幅荷花，荷花帮我完成了我捕捉到的感觉。"原帅府园中央美术学院礼堂班剥掉绿漆的旧门板，使黄永玉从中获启示画一幅残荷败叶的国画。生活加想象就产生了艺术。俄国文学家托尔斯泰也有同样感受，他少年时在家乡念书，一天，街上许多农民喧闹着朝车站奔去，托尔斯泰为了弄清真相，也跟着前去，到了乡村火车站，围看人群中有一位姑娘倒在铁轨上，非常凄惨，托尔斯泰看后十分沮丧悲痛，他回家后把这一幕如实写在日记本上，长大以后当他成为作家，在写《安娜·卡列尼

娜》一书最后章节时，思考怎么描写卡列尼娜最后结局时，他
脑海中又想起少年生活中亲身经历的一刻，于是就将安娜·卡
列尼娜也安置在卧轨而死这一结局。生活启示了托翁，是毋庸
置疑的。深入观察生活可以增强构思水准，在设计封面时，经
常要接触很多不同体裁、不同内容、不同类别的书稿，这些内
容各异的书稿，就好像不同种族、不同性别、不同年龄的人一
样，设计者的任务就是用美的规则去装扮它们，为它们设计四
季服饰，使之各具特色，各有风貌，封面设计就是为各类图书
制作"服装"，打扮美化它们。这里举几本好的书封构思。如外
文出版社张灵芝设计的《水浒传》三卷精装本，护封选的是明
代陈老莲画的水浒叶子一百零八将中的十五个代表人物。每卷

图 4-15 《郑板桥书法集》 潘
小庆设计

五人，前呼后应，线描勾勒，煞是好看。构思很巧，三卷并列
时，书脊上的张顺、鲁智深、卢俊义左顾右盼，饶有趣味，封
面用绛红绢，压水波纹图形，用藤黄染天穹……这些构思设色
都是为了表现水泊梁山如火如荼的农民起义。相反，构思不当
的如荣宝斋出版的《齐白石画册》的楠木书盒设计，其中经折
装的封面，用的却是色彩缤纷的织锦缎，这无论与楠木书盒的
色调还是和"布衣老农"出身的齐老本色都不相称、不协调，
因此损害了齐白石画册的整体设计。前辈装帧设计家钱君匋先
生对音乐很有造诣，他把音乐的旋律、和声、节
奏、音色等想尽办法和封面设计结合起来。当然音
乐语言不等于设计语汇，不过它们有一个共性，可
以相互借鉴，封面设计也应有旋律、节奏，如果把
从事音乐创作的手法用到封面设计构思上来，所
得效果一定会不同凡响。钱君匋为沈雁冰的《雪
人》一书所作封面，把雪放大成一种六角形的雪花
纹样，他没有如实地把雪画下来作为素材，而通过
构思把雪表现成似与不似的外形，再加上日光反
射的色彩，形成富有旋律和节奏的装饰图案。他

图 4-16 《齐白石全集》丛书 郭天民设计

为巴金的《新生》所作封面，从日光影射中的石砌上画了一棵小草，用来象征"新生"，说明这种新生是从石头缝中成长的，是很艰苦的，这种构思也是极别致的。大书法家王羲之写的字自然极佳，但有一次看了舞剑，他从舞剑的姿态动作中获得启示使书法更提高一步，他又看见一队农妇挑担，农村妇女挑着担子左摆右扭的线条，又启发了他，使他的书法又提高一步，可见不仅是音乐旋律与封面设计有关，无论做什么学问，都需要吸收其他方面的营养，这样才能创造独特新颖的风格。再看前辈艺术家丰子恺，多才多艺，既懂漫画，又善音乐，诗歌、散文都是高手，又谙熟日、俄、英三国文字，这些都是他设计的封面作品有高度艺术性的因素，他的封面和他的漫画一样充满了诗情画意，虽用色不多但线条流畅、形象生动，借书法之妙。他常常在描绘人物时，仅画一个面部轮廓，不画五官，简练至极，他设计的书封，把书的内容高度概括为形象的居多。

图4-17 《李有才板话》封面 赵树理设计

张守义先生的封面在读者中已有深刻影响，他从事装帧艺术工作已几十年，他归纳他自己的经验为"封面、插图创作十画"，一画感受，二画情，三画个性，四画想象，五画下意识，六画主动性，七画胆量，八画对比，九画意识，十画出框框。

如今，科技书在出版量上远远超过文学类书，科技书封面设计构思难度较大，因为科技书籍一般都认为枯燥乏味，设计者也常感到英雄无用武之地。女画家郁风曾说："科技方面的书本来最难搞出什么名堂，一般不是搞成烦琐的图解，就是光版一条字。"科技书封面设计应该说也难又易，要是涂个底色，写条字，凑合一下并不难，用电脑扫描处置一下更容易，难就难在构思策划出一个切题又美观的书封。因为科技书的原始素材一般不美，如何把不美的变成美的，科技书有的纯理性没什么形象可言，也使设计有无米之炊之感。另外，有的科技书素材还算美，但把美的素材变成美的设计，把科学素材变成艺术形象，都需要设计者构思加工。德国文豪歌德曾说："在限制中才显露才华。"科技书封要从不美到美，从抽象到形象，从科学理性思维到艺术形象思维，这就是制约之所在，科技书籍的封面构思，只要设计者肯钻研，英雄就会有用武之地，它并不单调更不枯燥。正如一位文学家所说："在科学知识的海洋里同样充满了魅力和诗意，只要大胆地幻想，就可以引发拨人心弦的情怀。"当今科教兴国，计算机技术革命、生物技术革命、经济全球化与生存环境保护并列为21世纪人类面临的四大课题。只要对科技书籍怀有眷恋向往之情，定会在这门新兴艺术领域中大有作为。

第三节

构思的 S.A.E.I

封面设计是门艺术，精湛的艺术能激发心理感应，使读者、观赏者获得审美性和欣赏性。心理学家做过有趣的心理感应测试，让一个不会跳水的人站在十米高的跳台上，这时测定被测试人的脉搏、心电图、呼吸频率、血压，他血压升高，心慌气促，十分惶恐的状态；同时让另一人安坐在游泳池旁的椅子上，看着不会跳水的人，这时池旁这个人的脉搏、血压、心跳、呼吸和跳台上的人一样，心惊气促脚软，测试说明什么问题呢？说明人与人之间有一种心理感应效应，正因为有了这种效应，人们看《红楼梦》戏剧中"黛玉临终"一场时会伤感流泪；相反，参加播放悦耳动听的舞曲的交谊舞会时，性情愉悦，情绪激动，会随着圆舞曲一起跳动。封面设计也要用艺术性去感应读者，为此上节已讲到构思显得十分重要，所谓构思，就是当题材确定之后，要表现什么？怎样去表现主题？在画面上通过什么形象去反映主题？这个过程可以称作构思冥想流程。至于形象、文字在书封上怎样布局，这就是古代画家谢赫《六法论》中的"经营位置"，也即封面构图。构思构图要针对一张纸的两个面，不能截然分开。封面构思是辛勤的脑力劳动，它与纯绘画创作构思不同之处在于它受书稿内容、题材、体裁所制约，这是它的从属性、限制性。因此，充分体会理解书稿的内容、题材、体裁、风格对构思切题、形式新颖、富有感染力的封面设计颇有帮助。

图4-18 《亚洲艺术节》 靳埭强设计

当接到一本书的封面设计任务时，就得思考怎样表现问题，歌德说："题材人人看得见，内容只有费过一番努力的人可以找到，而形式对于大多数人来说是个秘密。"分析综合出书稿中最典型性的东西来概括全书内涵，这样才算是抓住了主题实质，例如：香港靳埭强先生设计过《亚洲艺术节》招贴画。他用一具戏剧脸谱表示艺术节，巧妙的是把脸谱部位与额、眼、鼻、口分别用亚洲各国典型的民族戏剧和绘画表示。印度女舞蹈家额头上一个小红点；中国京剧旦角的眼眸，粉色间黑眸吊眼非常妩媚诱人；泰国民间艺术中缤绘彩绚的鼻子和日本浮世绘木刻有力度线条的嘴，这四部分把亚洲艺术的内容主题通过民族艺术形象淋漓尽致地传递给了观众。这种构思非常到位，内容与形式的切入点也很巧妙，靳埭强先生有丰富的阅历和修养，才能迸发这样的灵感。除了抓住怎样表现书稿的主题内容外，好的设计还要考虑作家的文笔风格诸因素，冰心女士的风格清秀柔美；老舍先生的风格京韵京味；金庸先生的风格洒脱侠义；王朔先生的风格侃聊奇趣，每位作家都各有各的写作特色，在封面构思时也必须同时加以思考，以便在封面上体现一二。

同一个题材可以从多方角度，多个侧面，多种形式去表现。如以鲁迅先生《祝福》命题，要全班学生设计一张封面，学生们八仙过海各显神通，学员卜凤祥先构思一张把"祝福"的"福"字故意写倒了，在墨绿色底上画上祥林嫂的黑影子，这里的倒福字，不是意喻吉祥的"福"到了，而是讽喻无福之灾祸，从整个封面色调来看，阴沉黑暗氛围已充分体现了主题，然而他不满足这种方式表现，后来他又画了一张用紫红色为底的破裂的"福"字来表现，画面虽没有祥林嫂形象，却意喻祥林嫂的福已破碎，整个封面以灰色为基调，充分表现了主题，

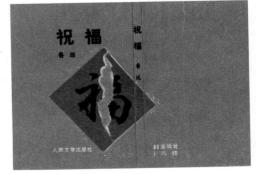

图4-19 《祝福》封面 卜凤祥设计

所以说同一个题材是可以从多角度来构思的。

一、象征（Symbol）

象征手法是艺术表现最得力的语言，往往用具体象形来表达抽象的概念或情调，有时也用象征手法表达一种不能直接表达或不宜直接表达的事物，来通过迂回曲折、含蓄比拟的手法去表达。通常象征物与被象征物具有相似的某种特点，如民间艺术中用一条鲤鱼象征比喻"年年有余"的吉利话；用三把古代兵器"戟"来象征"连升三级"的祝福。象征物的含义要结合各民族的习惯意识去运用，才能为人们所理解和接受，如猫头鹰这种飞禽在欧洲各国象征智慧、知识；匈牙利、德国不少出版社用猫头鹰形象做标志图形；但在中国人看来猫头鹰是一种不祥之物。外文出版社出版过一本《毛泽东诗词》的诗集，它的封面设计上用齐白石的国画"万年青"来象征比喻，使难以表达和不便直接表达的诗词得以体现，收到以一当十，含蓄比拟的艺术效应，考虑两人的声望且诗词与水墨画又是姐妹艺术，都是同一范畴息息相关的形式互补。

图 4-20　俄罗斯书籍扉页
斯·摩乞洛力克设计

二、舍弃（Abandon）

构思过程往往"叠加易，舍弃难"，构思时往往想得很多，最后在封面上叠床架屋，陈杂堆砌，对多余的枝节爱不忍弃，结果喧宾夺主。所以前辈艺术家张光宇教授提出"多做减法，少做加法"一语，乃经验之谈，其实郑板桥早在谈画竹经验时已讲到要舍繁求简，他说："四十余年画竹枝，日间挥毫夜间思。冗繁削尽留清瘦，画到生时是熟时。"

西方设计师也提出设计要KISS（即KEEP IT SUPER SIMPLE）译成中文是"保持高度的简洁"。第二次世界大战期间，美国严格执行配给制度，每人每天只供应一杯咖啡。一天，罗斯福总统举行记者招待会时，偶尔说到他早晚各喝一杯咖啡，记者们闻之哗然，有人当即提出责问，罗斯福从容不迫地回答说："记者先生们，我确确实实是一天喝了两次咖啡，不过晚上我是把煮过的咖啡渣再煮一遍而已。"所以美国人民把内容空洞、繁文缛节的行文称作"纯粹是罗斯福咖啡"，换言之，也即文字啰唆、繁杂不简练的设计。所以设计者要学习郑板桥"删繁求简三秋树"那样敢于舍弃，勇做减法。纯奶需要脱水浓缩才能加糖炼成乳，发酵成奶酪，脱脂变奶粉，行文、设计更须浓缩。

意象派大师庞德有一首诗《巴黎地铁站》，原诗30多行还嫌太长，最后作者压缩再压缩，缩成两句："车站上人头攒动，湿漉漉的黑树杆上花瓣朵朵。"我国也有人把20字的打油诗浓缩成8个字，将"紧紧蒙鼓皮，密密钉钉子，晴天和雨天，声音一样的"浓缩为"紧蒙密钉，晴雨同音"，言简意赅，不失原意。海明威将文学艺术比作冰山，他说："形于文字的东西是作品看得见的1/8，而作品隐藏的内涵如冰山在水下的7/8，应该把一切可以抛弃的东西全部抛掉，才能使我们的冰山坚实牢固。"封面设计构思也要"不经一番寒彻骨，哪得梅花扑鼻香"的删繁浓缩的苦功夫。

三、探索（Explore）

构思要新颖，就得不落俗套，要创新。创新是书籍封面设计的灵魂。莎士比亚曾说："聪明人擅于抓住机遇，更聪明的人擅于创造机遇。"导演冯小刚也说："我从当美工到做编剧，再到做导演，每次成功都因为我手里握着一个法宝，那就是'出其不意'，就是一定要使观众看到一个没想到的东西，拍贺岁片《不见不散》《没完没了》我还是这么干的。"所以思想上创新是一切创新的基础。日本视觉设计大师龟仓雄策先生曾说"设计为明天而存在"，封面设计形式也不能落伍于时代，要新颖，我国民间老艺人有句口头禅"艺术无正经，只要求新颖"，后一句有其一定道理。

图4-21　俄罗斯书籍扉页
斯·乞霍尼娜设计

据科学家调研证实灵长目动物生存本能有"探索"的冲动，俗话说"猴子身上留不住一个虱子"，猿猴对一切事物都有好奇心，都要捉摸探究一下，想弄清楚它是怎么回事，这种"探索冲动"是猿猴在长期进化过程中适应外部生存环境的结果。猿猴不同于熊猫、食蚁兽，熊猫生存中只要有竹子，食蚁兽生存中只要有蚂蚁，就满足了。它们两个是食物专一动物，但猿猴不同，它们从来不肯定下一顿饭从哪里获得，它们必须了解每一个环境角落，睁大双眼去寻找生存的机遇，有果吃果，没有果吃树叶，没有树叶爬到地上挖白薯、块根吃，生存环境形成它们的好奇心，这不单是一个求食的事，尚有自卫安全的事，必须探究环境，因之猿猴类、灵长目类的探索冲动，在对待异性、对待一切事物都有创新冲动，对一个求新冲动结束，又会探索第二个求新冲动，有一种好奇心支使着灵长目动物，人类是灵长目中的佼佼者，更应有探索创新意识。

新颖才能产生美感，一句话第一回说是俏皮，第二回就平淡，第三回就生厌了。所以封面设计必须在构思上独具匠心，才能设计出高质量的封面新作。

四、想象（Image）

想象是构思的基点，在封面设计构思的一系列心理活动中，想象活动是主要一环，当然设计者其他一些心理能力，如知觉、感觉、表象、情感等同样发生作用，但想象是所有这些能力综合作用的结果，想象与表象的关系最为密切，想象是在脑海中取舍记忆中的表象而创造新形象的过程。也是对以往经验中已形成的素材，进行重新结合的过程。爱因斯坦说："想象比知识更重要，因为知识是有限的，而想象力概括着世界的一切，推动着进步，并且是知识的源泉。"

法国心理学家芮波（RIBOT）认为："想象有两种，一种是形象的；一种是流散的，形象的想象以知觉为中心，因为它能产生明确的意识……"人的大脑储存具象和抽象的各种知识，又具有记忆力，广博知识交织成想象的网络架构，才能使思维在海阔天空、无边无际的遐想中驰骋。把各种表象记忆综合起来，举一反三，触类旁通，形成想象力。想象又可竖分为"无意想象"和"有意想象"两类。"无意想象"是简单的、初级的想象，它的出现是不自觉的，如我们躺在床上看墙面上的屋漏痕或登湖南张家界黄龙洞里看悬垂的钟乳石，会在视觉中构成某种动物的形象；"有意想象"是怀着一定的目的和明显的自觉来进行的，是想象中的高级形态，它在人们的创造活动中起重要作用。有意想象又可派生为"再造想象"和"创新想象"两类，再造想象是依据客观语言的描述、图片的示意，在脑海中再造出相应的新形象的想象过程，创新想象则不必依赖这些条件，而是根据一定的目的、冲动在头脑中独立地创造新形象的想象过程。

封面设计的构思是设计者对头脑中的表象进行加工的想象过程，是创新想象。两类想象在应用性和创造性上有所不同，但在设计创作和欣赏作品中，往往相互融汇在一起，再造想象能得到创新想象的补充，创新想象也能利用再造想象。文艺创作过程中的再造想象实例很多，例如根据历史资料写作小说、剧本，根据文学作品来创作油画、插图，从这个意义上来讲，封面设计构思又属于再造想象了，因为它是依据书籍内容进行构思。然而封面设计构思不仅仅属于再造想象，一个设计者在构思草稿的过程中可以画出不同构图和效果的封面来，这说明封面设计是存在着发挥独立性，不一切依赖资料，利用头脑中原有的形象积累进行创新想象，具体说来也就是将形象资料在脑中进行分解综合。封面的创新是作者以其以往的生活实践、艺术实践的经验、知识改装而成，也就是指客观事物的形象反映于人的头脑，加助记忆而得到的保存表象，通过想象来创造新的形象。总而言之，仅是把原有的表象分解，再重新综合成一个形象，只是因为分解的精致，综合的巧妙使新形象利用了旧积累，却认不出这积累是从哪个表象上分解出来的。雪莱在谈及诗歌创作时说过："诗是一种模仿性的艺术，它创造，但它在综合和再现中创造，诗作的新和美，并不是它所赖以综合的素材事先在人类的心中或大自然中从不存在的，而是因为它把收集来的素材所作的新诗，同当时人的情感、时代背景相吻合而已。"这种综合、分解的情况在现代科技领域同样如此，20世纪70年代以来，依靠全新的科学发明发现产生的高新技术凤毛麟角、越来越少，大多是将已有的科学原理和技术系统地综合起来，从而形成与原有科技不同的再创造的新技术。阿波罗登月策划总指挥韦伯说："阿波罗飞船计划中没有一项新技术，而都是现成的用过的技术，关键在于'综合'。"毕加索将马奈《草地上的午餐》用20世纪的色彩和造型观念重新画了一遍，也是一种创新。与科技一样，对人脑中记忆的知识也可再分解，系统化进行综合重构。日本学者更明确地宣称：综合就是创造想象。德国书籍装帧家，曾到中央工艺美术学院讲课的卡伯尔教授所设计的《图形、装饰、纹样》一书封面，布局结构非常新颖，富有创新的想象力，然而封面上出现的图形、装饰、纹样皆为古典传统的，把古代的纹饰用现代的构成主义手法相综合，就有了新意。

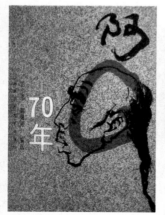

图4-22 《阿Q-70年代》
汪二可设计

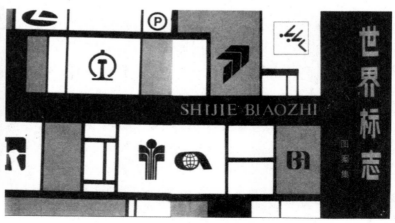

第四节

封面的色彩配置

图 4-23 《世界标志》封面设计构成主义风格封面　邱承德设计

赫伯特·里德（HERBERT READ）在《透过艺术教育》一书中说："形式如果没有色彩，便不能益彰其美，因为色彩是形式的外观，它能对我们的感官产生一种非常直接的影响。"封面这一形式也需要色彩来增添其美，但封面色彩一般不宜过多。若是凸版印刷，3～4套色就足够了，若是胶版印刷在设计上就可稍宽些，因为胶版印刷可利用网纹疏密组合配出各种颜色，另外要尽量利用网纹叠印来得到多彩的丰富变化。显然在色彩运用上也得考虑书的内容，如一本《阴谋》的小说就可用灰暗色调来表达，设计《红岩》的封面就应该用鲜艳、暖色调来表现。

人们所接触的色彩总以谐调为适宜，不谐调的对比色彩总是刺目的、跳动的、嘈杂的，要经过艺术处理把刺目的色彩变为令人喜爱的谐调色彩，使本来矛盾的两者变为谐调统一，悦目赏心。"万绿丛中一点红"，这是古人处理对比色的一个总结，就是把对比的两个色按照色彩的纯度、明度、面积大小来组合，削弱它们的强烈色彩对比，在对比之中求和谐。譬如一块黑色同一块白色要保持谐调，白色的面积就要比黑色块大，否则应加上其他因素来解决。再如法国的国旗颜色的面积比例为红：白：蓝=35：33：37使视觉上比较谐调、稳定。总之绝对的对比使人厌恶，绝对的谐调也使人感到缺乏活力，怎样使色彩的对比与谐调得到最好的体现，必须依靠设计者根据具体情况加以艺术处理。卧室、休息室色彩一般以谐调为宜，这使得气

图 4-24 《医用 X 光胶片的特性
与应用》 王丽青设计

氛宁静；庆祝会场的色彩要鲜艳明快，对比强烈使人感到热烈兴奋；广告招贴应有强烈的对比色调，使匆忙来去的行人能在眨隙间了解内容；而书籍装帧的色彩，一般讲以间色互相配置为宜，使对比色统一于协调之中。

书名字的色彩要在封面上有一定分量，如果在纯度上不足，往往书名不显著夺目，使封面整体大为逊色。

封面画上的色彩除了借用绘画来做封面的外，要尽量注意色彩的装饰性。另外色彩也得根据各种类型书籍而灵活处理，不能生搬硬套，文艺书上的色彩不一定适合于教科书，如玫瑰红有时适合于儿童读物和文艺书，但就很难放在高等学校教科书上。有些浅色调如白色就容易脏，不大适合于幼儿读物。有些颜色由于长期以来习惯使用已为人们所熟悉，如红色象征革命、黑色象征哀思等。但也不是绝对的，红色在特定的事物、特定的条件下有时也表达悲痛伤心的情感，如唐朝元稹诗："寥落古行宫，宫花寂寞红。白头宫女在，闲坐说玄宗。"就有哀意。况且一种颜色的含义往往也会与其他色彩搭配时改变其含义，黑色若用来与红色搭配，就变为另一种含义了，因此要辩证地看待色彩的含义，不能形而上学。

一、色彩配置

设计一本书，当初步确立构思、构图后，就要用色彩来表现。封面的色彩配置是由于压缩印刷工艺成本种种因素，而使色彩上受到一定制约，然而制约也有其有利的一面，即更注重色彩的合理搭配，更精练、更富有艺术性。中国的五言诗、七言诗也是一种制约，如李白、杜甫的诗字简意深，如李白的平调词："云想衣裳花想容，春风拂槛露花浓，若非群玉山头见，会向瑶台月下逢。"京戏中"三五步行遍天下，七八人千军万马"是以一当十、以小观大的艺术表现，所以歌德说："在限制中才能显露才能。"

　　封面色彩要在有限的几种颜色里做文章，为使封面色彩配置尽量完美，一幅封面诸多色彩配置中，一般必须注意补色、对比色，深、中、浅色的关系，如在黄基调颜色的封面上，用蓝紫色的书名字，那么这书就会很明显。有的设计家在实践中体会到：在封面设计色彩上，要有红、黄、蓝三原色出现，否则会令人感到不满足，因为红黄蓝三原色是与太阳、大地、天空这三个人们赖以生存的环境相应合，因此在蓝色基调的封面上，能加上紫色、群青、绿色的色彩就能满足人们对红色、黄色的视觉要求，因为紫色、群青、绿色中含有红、黄色的色素，反之亦然。以此类推，就能导演出不少丰富的色彩世界。

　　色彩配置中要注意主调，也就是一张封面的基本色调，没有主调会使封面整体上不稳定、杂乱无章，关键在于把握住各种颜色的比重。主要颜色要占有一定的面积比例，其他颜色与主色是谐调、呼应、对比关系，其比重则不能超出主色，凡必须使色彩配置比重相近时，解决的方法是用中性色（黑、白、灰、金、银色）去调和它们，使之谐调。譬如一张封面上红色、蓝色比重相似，如用白色、灰色调合，就能起到调和作用，达到谐调美。

二、色彩配置中各种调和方法

1.类似色调和

　　在色环上邻近的色相配置起来，比较易于调和，如红、黄、橙三色在色环上为左邻右舍色，在封面上按一定比例敷色能基本谐调。

　　这里简易介绍一下孟塞尔色系：1905年美国教师孟塞尔（A. H. MUNSELL）将色相分成红、橙、黄、黄绿、绿、蓝绿、蓝、紫蓝、紫、红紫十色的色相环，每一色相再分成十等份，而以五为纯色，如5R（RED）即为纯红色。明度则以黑为0，白为10，中间分成9种深浅序列灰调，以$N_1 \sim N_9$表示，彩度表

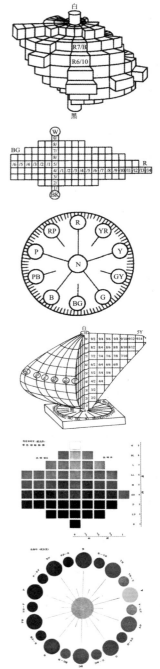

图 4-25　孟塞尔色立体与色环

示则以各色相的成分做等距区别，以 0 ~ 8 数字表示。

2. 降低纯度调和

若在色环上是互补色，即有强烈对比的色彩关系，如何调和呢？如黄与紫两种补色关系对比强烈，那么可以降低其中一方或多方的色彩纯度，而使整体调和，可以在黄色中加深色，使黄色纯度减弱，而与紫色纯度接近完成调和。

3. 提高明度调和

可以通过提高其中一色或几色的明度，使之调和，全部提高明度构成的调和关系，可以从孟塞尔色系靠上部分的色彩横向色环之间的色彩关系来解决。

4. 降低明度调和

可以通过加黑或深色，以降低一方或几方的明度，同样也降低了色纯度，从而实现调和。

5. 优势调和

不改变色的纯度与明度，只是用面积对比抵消色相对比，如黑白二色，用白色面积大于黑色，而使白色优势大大超过黑色，使视觉上比重均匀谐调。

以上仅举几种调和方法，当然在色彩设计中还可探索其他方法进行谐调，特别是当我们设计一套丛书时，可以运用此种色彩调换构成，试做同形式不同色调的色彩配置。

色彩配置上除了谐调外，还要注意色的对比关系，包括色相、纯度、明度对比，对比在艺术形式规律中是很重要的，大小、方圆、黑白、强弱、高低、疏密、轻重、浓淡、正反等。缺少对比就等于失去了生动和光彩，但对比要运用得当，不宜多如牛毛，否则杂乱无章如噪声。运用色彩对比法则，能使封面中应突出强调的部分有跳跃的视觉引诱力，色彩对比也是视觉上的一种心理平衡。而封面上没有色相冷暖对比，就会感到缺乏生气；封面上没有明度深浅对比，就会感到沉闷而透不过气来；封面上没有纯度鲜晦对比，就会感到古旧或甜俗，我们要在封面色彩设计中好好掌握明度、纯度、色相的关系，同时用这三者关系去认识和寻找封面上产生弊端的缘由，以便提高色彩修养，以个人用色习惯去探索色彩的美感。

关于封面色彩配置，每位设计人各有自我的审美视角和审美意识的思考与处置，这里略举两本书的封面封底色彩来分析一下，与读者共享装帧之美。

已故诗人兼装帧设计家曹辛之先生（1917—1995年）早年曾设计《最初的蜜》诗集，资深评论家王朝闻先生谈曹辛之在给自己诗集所设计的"书皮子""书肚子"都画得很美。此诗集封面为蓝底白字"最初的蜜"的拼音文字，下端还有一帧图形虽小却点缀与外国传统观念相关的竖琴和鹅毛管笔的纹饰。封底则是仿照线装书竖排《最初的蜜》蓝色偏宋体书名，底图是深灰色六行诗文，王朝闻认为封面远不及封底清新，封底文字布局均为竖排，富有中国元素，所以这一面可视为诗集正封，虽然这一面完全没有装饰图形却又设计得实在妙不可言，真所谓"无画处偏成妙境"，这封底已区别于线装书封面布局，它是中学为体，西学为用的表现，形成新形式，是"别出心裁"的设计新妙处，此未必等于随意的因袭古人，以至成为对别人现成设计的盗取，以灰白色为底色，以蓝色为书名的这一封底，它那蓝色和白色结合，整体上书封、底封、书脊是大面积的蓝白两色相映，既成鲜明对比，又和谐呼应，使三者形成真正的完整性，曹辛之设计时明知此书乃竖排式诗集，特别在每页下面地脚处留了许多空白，少印几行字，免不了是对纸张的一点浪费，但为了获得他自己所认定的美的效应，他顾不得许多了，王朝闻对曹辛之封面设计又说：我再袭用了画书皮子有关的"画"字，表示我对这一"画"字的不同理解，《曹辛之装帧艺术》画册里的许多"书皮子"不仅没有绘画，也没有画出来的线，往往只有书名等文字与特定色彩的巧妙结合，这样的设计为什么可以称为"画"出来的呢？我以为这样的画，本质上是一种"心画"，这样的心画，就是一种和偏于用"手"而短于用"心"的艺术设计相区别的艺术构思。封底上最耐人寻味的是作为封底底衬的那六行深灰色诗句："记忆给我们带来慰藉，把捉一线光，一团朦胧。让它在这纸片上凝固，凝固了你的笑，你的青春，生命的步履从这里再现，领你去会见自己。"这些诗句文字对于装帧艺术来说是书面上美的核心性特色，是介于蓝、白两色间的一个中间色，起到衔接、调和的作用，也就是"黑、白、灰"，"深、中、浅"相互协调和谐的配色，在任何平面设计上都可按此作配色尝试定能获得理想的效应。既是《最初的蜜》诗集作者又是此书装帧设计艺术家曹辛之，是一人身兼两职，不然他就不能有这样独特的设计，给人以美的享受，这一点正是艺术作品有"匠气"与"诗意"的差别之所在。

第二本书推荐的是2008年11月出版，为上海市欧美同学会系列丛书的《留捷岁月》的封面色彩，内容由20世纪50～60年代赴捷克留学生的忆述文集，32开本，书脊为2cm，封面封底相连在一起，底色为米黄色，整体色调为暖色调，像太阳光普照在首都布拉格的大地上，正像一位作家写的《金色的布拉格》小说的意调，除米黄底色外，图形中的哥特式建筑，罗马式建筑教堂，市政厅，查理士桥墩上的塔楼，胡斯广场上

图4-26 《最初的蜜》封面设计

图4-27 《留捷岁月》封面设计

场上的双塔教堂等都用赭石和黑色做边线，这样形成邻近色统一性暖色调，建筑物的门窗皆用黑色铺盖，星星点点，疏疏密密形成音乐般的节奏感，令人看了封面、封底、脊封配色如同在深圳26届国际大学生运动会开幕式上欣赏《春天的故事》，钢琴小提琴协奏交响乐，有大小提琴，有长笛、黑管，在指挥家指挥下形成此起彼伏，抑扬顿挫，协调和谐，柔美温馨的音色，愉悦聆听，绕梁三日不绝于耳，装帧设计中的色调同音乐演奏中的音调如孪生姐妹，可见封面配色应依据书的内容、体裁、对象以及著者的写作个性、风格来定夺，有的书封可以花哨，热烈的色泽；有的书色彩配置应淡雅、柔美、朦胧、浅淡色、同类色，邻近色，上文已讲过，封面色彩配置要掌握深重色、中间色、浅淡色三位一体的强弱浓淡关系，形成"统一中求变化，变化中求统一"的辩证关系。《留捷岁月》封面、封底中黑色为深重色，赭石橘红色为中间色；米黄色为浅淡色。三四种色相相互套印，不多用油墨达到美的效果，封面图形由捷克J．维尔特和J．霍拉尔绘制，在配色上是颇有艺术涵养的。法国画家马蒂斯说："色彩犹如炸药，用得好能凸显画面效果，反之，则会毁坏一件作品。"同样封面色彩配置，处理好是艺术设计升华，否则就鄙俗和平庸了。我国民间老艺人也说过："红配紫，恶心死。"这是他们在民间艺术创作中的经验总结，我们要学会在装帧艺术中配色的美观性、协调性和互补性。在孟塞尔色环色相图中可以观察到邻近色和对比色，譬如Y（yellow）与R（red）两色色相之间因量的不同可以调出一系列的邻近色，形成橘红、橘黄深浅不一的色度。这种色相互相组合，色泽就越调越多，有人尝试过这类色标可调出几百种不同程度的色泽来，因此封面色彩配色要经过反复实践练习，区别各种色度色调明暗关系，多探索多钻研一定能提高自我的色彩审美素质。

第五节

封面的装订

一、线装

线装是我国传统的书籍装帧形式，除一般常见的平放线装书外，尚有其他特殊形式，如"请柬"式的直角折、卷折、观音折，后来嬗变为经折装（即梵夹装）、旋风装至宋朝的蝴蝶装、包背装。蝴蝶装是木板做封面，竖放在书架上，书背向上书口朝下，在朝外书根上写书名。包背装书口上有文字，竖放久了易磨损书口，改平放，直到明朝改为线装书。随着活字印刷和纸张质量的提高，双页单印改为单页双面印。不用线来装订的传统书除了蝴蝶装、包背装，还有和盒装，它们都能平摊，所以要使折缝中间画面不受到皱褶影响的书籍，可以采用这种装折法。和盒装是双折向里合拢，至于经折装是书页按页折好以后，将页与页间互相粘牢，前后封底用木板或纸板，纸板可裱上丝织品，再粘上签条，签条贴单层的称单签，如在下面又衬托一条颜色无字签，称套签。经折装装好后，从头至尾完全可以连成一长条，这种装帧由于是历代用于经书上，故名"经折装"。明朝线装书用纸捻子串成，不用麻线，纸张用手工制的毛边纸、玉扣纸、连史纸和宣纸等。它的形式和规格要求和精装、平装书不同，印书根和包书角只有线装书才采用。书根是在地脚靠近订线的一边印书名和册号用，平放便于寻找书根上的书名。"包角"是为了增加书籍的美观和保护用，它用绫子包

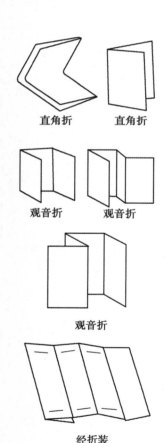

直角折　　　直角折

观音折　　　观音折

观音折

经折装

在订线的上下两个角，又分为嵌芯包角和满角，前者只包两角当中的一段，后者是将两角完全包满。

二、平装

平装书上封面比较简洁，书芯订好后上平装纸质封面，分五道工序：折面、透面、插面、扫浆、反刮。上封面时先把书整叠订好，将反面向上折好的一张张封面逐本插入，在书心上涂刷浆糊（称为扫浆），然后按册把面子反过来，用刮板刮平书脊。如有勒口的书，必须先打开勒口再上封面。

三、精装

精装书又分书芯、书壳内外两部分。书芯制作，操作与平装书一致，只是订书一般都为中缝穿线订，或用乳胶黏合称无线订，同时在前后加环筒衬页，粘在第一页前和尾页后，称环衬页。书壳制作是先按规定尺寸大小把材料分别开切好，同时在三面外切口（即外切口和上下两头）要大出书芯各3mm左右的飘口。

精装书装订形式分为全纸面和纸面布脊。书壳又分为硬面与软面，软面一般称假精装，书脊分圆脊与方脊。全布面书壳的材料应先裱背，然后切成开本大小，用乳胶和纸板粘贴起来，再用刮板刮平折进去的边，两块纸板中间应留出与书芯厚薄一样的书脊。书壳做好后，还须烫印书名或图形，烫印材料有彩色粉箔、金箔、漆片、电化铝，也可压上无色的凹凸硬印。烫印时先将粉箔切成所烫的地位大小，烫印的文字图形先制成铜版，在烫印处刷一层黄粉末，使粉箔易于粘住，然后烘热烫出色彩，完毕后将碎屑刷净，书名图形就呈现在书壳上。精装书壳烫印后，其最后一道工序，是在书芯外装上书壳，先把胶水刷在书芯的前衬页上，再把书芯放在反面摊开着的书壳上，将刷过胶水的衬页粘在书壳里，用手擦平，接着把另外半张书壳合在书芯上，检查一下位置端正与否。同时在后衬页

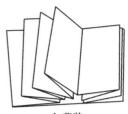

包背装

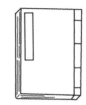

线装

蝴蝶装

蝴蝶装

蝴蝶装

图4-28 线装书折页装订形式

上刷胶，粘上书壳。上好书壳必须压平，使书壳和衬页牢牢粘住。最后还要在前后封面近书脊一边用铜线板压凹槽，以便于书壳的翻阅。

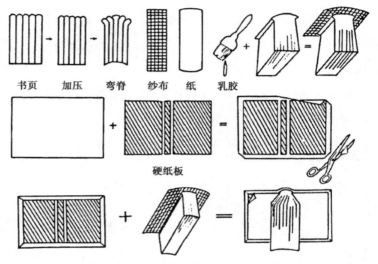

书页　加压　弯脊　纱布　纸　乳胶

硬纸板

图4-29　科技书精装本封面手工装订示意图

|思考题|

1. 小32开的尺寸应是多少（长与宽）？

　小16开的尺寸应是多少（长与宽）？

2. 本书中构思的S.A.E.I英文字头分别是什么内涵？

|作　业|

1. 用黑墨线画出：直角折、卷折、观音折、经折装、旋风装、蝴蝶装、包背装。

2. 设计鲁迅著《祝福》封面一帧，32开、限四色。

3. 从自己阅读过的文学作品中，任选一题，设计一帧32开的封面，色彩不限。

第五章　插图设计

5

第一节

插图概述

　　插图，拉丁文为ILLUSTRATION，意思是解释，生动地叙述，按字面表意诠释，可理解为是插附于文字间的图像、图形，或与文字相互配合的图像、图形。插图显然是视觉艺术的一种，用图画对文字表达不力的内容做艺术处理，插图创作必须包括

图 5-1 《烈女传》古代插图

设计因素、想象构思意图以及审美意义。不论中国、西洋的插图艺术都有悠久的历史积淀和杰出的艺术成就，产生过大批内容和形式双赢的艺术杰作。

从当代设计理念来审视，插图是一种视觉传递形式，也可以理解为一种信息传播的媒体（MEDIA）。一提及插图，人们往往想到书籍插图，然而，我们应该从"大插图"观念来认识。事实上现代插图的应用范畴日趋广泛，从形式、风格、主题、内容等都有了拓展，插图除了用于书籍艺术之外，已广泛地应用于企业、社团、销售、消费、公益等事业的各种需求，活跃于商业宣传、工业产品、影视广告、展示传媒等多种领域里，从而大大拓宽了插图艺术的内涵，使"插图"二字从"特指"的含义转为"泛指"。现代插图应用范围之广可以包括一切平面设计中所有图形部分，美国设计师把商业广告、喷绘艺术都称为 ILLUSTRATION 插图。

现代插图虽有了新的概念，但溯其源头，最先还是出自于书籍，我国书籍的插图历史悠久。目前保存下来最早的插图是从敦煌17窟洞窟中发现的唐代咸通九年（公元868年）刊本《金刚经》的《说法图》。我国古代的书较重视插图，晋朝陶源诗云："流观山海图，是古书无不绘图。"清人徐康《前尘梦影录》记载："古人以图书并称，凡有书必有图。"宋元时代的书籍插图，随着雕版印刷的发达而非常流行，如《三礼图》《宣和博古图》《烈女传》以及《营造法式》等书。明代插图的制作更是达到了极盛时期，小说戏曲等文艺作品、科技书籍大都配有插图，如《西厢记》《水浒传》《金瓶梅》《西游记》……其中弘治戊午年（公元1498年）刊本《奇妙全相西厢记》的书末有金台岳家书铺的出版说明，写道："……本坊谨依经书重写绘图，参订编次大字本，唱与图合，使寓于客邸，行于舟中，闲游坐客行此一览始终，歌唱了然，爽人心意。"可见出版商懂得读者心理，插图受到广大读者的喜爱，有很大发展。

经过艺术家绘制而成的书籍插图，大致可以分成两类：一类

图 5-2 《花木兰》封面设计

是文艺性插图，画者选择书中有意义的人物和场景用形象描绘出来，可以增加读者阅读书籍的兴味，使可读性和可视性二者结合，相得益彰，并且还能通过艺术的形象增强文艺作品的感染力，使读者得到美的享受，对书中主人公留下更深刻更形象化的印象；另一类是科技图解性插图，大多用于科技读物及史地书籍，这类插图可以帮助读者理解书的内容，以补充文字难以表达的作用，它的形象性"语言"应力求准确、实际且说明问题。譬如说香蕉苹果作图解，文字叙述可以从色、香、味、形等特点来描述，即使仔细阅读词句也找不出关于这只苹果完整和鲜明的形象概念，但图解插图的形象能多少补充文字表达不力的缺陷。画家可以把苹果带有斑点条纹的果皮颜色画出来，比文字描写更为具体，还可以把苹果画出切口形态，看到湿润的肉层。在彩色摄影、电子扫描技术日益发展的今天，用摄影图片来完成就更为理想了。

插图的形式是多种多样的，绘画中分多少类，插图上也可分多少类，如水墨画、白描、版画（木刻、石版画、铜版画）、素描、水彩漫画等。插图应根据不同书籍的内容给予相适应的绘画形式，喜剧性的讽刺文学，儿童阅读的图书可以用漫画形式来表现；动植物图解可以用素描、水彩画来表现。如用摄影图片来作插图，可在编排时根据内容要求、画面效果进行剪裁、选择，以求主题突出、形象清晰、构图新颖。

第二节

插图的一般规律与特殊规律

插图艺术既具有绘画的一般规律即共性，又具有它的特殊规律即个性。插图具备一般绘画的要素如：构图（经营位置）、艺术构思方法、色彩关系、生活源泉、基本情调气氛（悲、喜剧）、形式法则，给人以再创造等问题，以及绘画工艺材料上的一些要求都应具备。而优秀的插图可以独立成为绘画作品，但是一般绘画不能代替插图。

　　插图毕竟是绘画和文学紧密配合的一种艺术，它和一般绘画的区别，简言之，就在一个"插"字上。因为要符合插的要求，这即是它的特殊规律，首先它必须吻合文学作品的内容，它应该加强读者与小说的联系，成为文学作品的辅助者，因而它不是任何画插上去就行的，成为可有可无的聋子的耳朵。其次它要适应装帧的要求，服从版面装饰的要求，注意插图前后连贯呼应，做连续的考虑，有整体的安排，避免全书布局有的插图过于拥挤，有的又显得空泛，如疏密不当，会影响整体装帧的美观。第三还要结合印刷条件，一般绘画作品完成了绘画的过程也就完成了整个创作过程，而插图艺术的创作，画完图稿，只是第一步，最后还必须看印制后的效果，受生产工艺的制约，所以从某种意义上看，与其说插图属于绘画美术范畴，倒不如说它具有实用工艺美术的性质。

图 5-3 《青春之歌》
王荣宾设计

　　插图既然是为了从形象上辅助文字之不足，为了加强读者与小说之联系，所以决定了它有其从属性。在某种意义上，插图必须和小说原著所描述的环境、人物、时间、地点等相符合。如茅盾著《子夜》中吴逊甫是男性，总不能画成女性，祥林嫂是女佣沦为疯女，这些都必须遵循原著描述。在刻画人物性格上也要吻合原著中所描写的，张飞、孔明、阿Q、林道静总不能画成一个模样与性格，不能由插图作者天马行空爱怎么画就怎么画。插图服从书的内容，受书内容的制约，因此进行插图创作首先必须了解书籍的性质，掌握书籍的内容、情节以及读者对象，这些限制都体现了它的从属性。

图 5-4 《阿Q正传》插图
赵延年木刻

　　我们从属于原著的主题和主要精神，而不是被动地和机械地服从文字内容的简单重复，成为可有可无的文学尾巴，而应该发挥插图艺术的独立性。如四川版画家李少言刻的《红岩》插图"丁长发铁镣砸特务"，小说中描写余新江和丁长发为了掩

图5-5 《红岩》插图
李少言设计

护狱中战友安全突围，必须在正面铁门处牵制敌人，画家不画敌人越逼越近的情景，也不画特务被砸得头破血流的场面，而是选择了丁长发"双手攥紧沉重的铁镣，举到肩后，霍然……"这样一个瞬间动作刻画丁长发的心理状况，暗示了随着铁镣砸下去引起的一场激烈搏斗。这种画外有画的概括描写，虽是插图艺术的局限之处，不像文学作品连续描写那样具体，然而插图艺术的独立性也随之显示了。某些插图拘泥于原著的字句，反而使得它不能更好地表达原著精神，如《变天记》的第二幅插图，文字的大意是这样的：在暴风雨中，地主的狗腿子崔满成到坝上来胁迫农民打坝，因而引起了老坝倌和全体农民的愤怒，向狗腿子进行反击。插图作者成功地刻画了尧老头的愤怒和狗腿子外强中干的形象，但很可惜，在画面上主要人物尧老头的身旁，突然出现了一个青年人黑牛扬手向画外叫喊，由于扬手的动作大，又紧靠着主要人物，因而大大地削弱了作者所蓄意刻画的紧张气氛。作者为什么这样处理呢？就因为原著中曾提到，还有二虎在坝下，黑牛喊了他一声："上来，叫他打够了再做。"插图作者在构思时没有加以深刻的思考，没有把小说内容加以必要的取舍，就按原著所描写的逐字逐句地搬上画面，因而主题不够突出，从而削弱了插图的艺术性。另外正因为插图和文字的有机配合，有读者的阅读，因此也不必像单幅独立性绘画那样，依靠绘画本身来表现一切，插图应该利用文学的配合作用，强调某一主要人物省略割舍一些妨碍主题的人物和环境。譬如《拟元帝钱明妃》的插图中汉元帝没出现在画面上，只描写别人催促迅速上马时明妃、宫女那种依依难舍的惜别情景。图文应该相得益彰，插图不能理解成用造型来解释文字，因此可以由画者选择他认为非画不可的方面，而摒弃他认为可以不必具体描写的地方。

文学是种语言艺术，是借助于叙述在时间上展开内容情节，绘画则是视觉的造型艺术，可以把不同时间发生的事组合在一个画面上，如同近年来电影上出现的一种"多银幕"或称

图 5-6 《西厢记》插图"惊梦" 陈老莲设计

"分割银幕"的手法，几个不同的画面可以同时在银幕上出现，是电影表现方法上的高度集中和概括。

这种表现手法在我国传统的插图艺术中，不乏具体例子，如文学中说话是叙述性的，也是时间性的，而插图为了表现说话，在嘴上画出一道线圈，线圈中画上说话内容；做梦是抽象的，插图可以表现做梦，在头上放出一道光圈，光圈里画上梦的内容，如明代陈老莲为《西厢记》所作的"惊梦"那幅插图，刻画了张生在草桥店和衣而睡的姿态，梦中人情、景物都画得细致工整，充分体现了插图的独立性。

当视觉受空间的局限，也可以采取剖面透视或多面组合的艺术手法，打破空间的限制，如刘君裕刻《水浒传》插图中

"武松怒杀西门庆"一幅，在同一画面上画出了武松在狮子桥下酒楼上怒杀西门庆，又描写了紫石街武大郎的灵堂及楼上被武松留住的四邻，将同一情节的两个连贯场面，巧妙地结合在一起，可见中国传统插图在艺术经营位置上的大胆。

这些巧妙的构思和表现手法，使空间突破时间，使抽象变成具象，适应了造型艺术的特点。前苏联的库克雷尼克赛曾为契诃夫的小说作插图，画了一个公园的餐厅，小说中主人公在这里初遇，但契诃夫在文中没有描写到这个地方而画家在构思情节时发挥了独创性，补充了小说《带狗的女人》的描写，使插图起到相对的独立性，不但没有和文学描写相矛盾，又符合它的文学从属性。

插图艺术家既必须从书籍的内容走进去，又必须从绘画的形象中走出来。所以书籍插图艺术有广阔的创作天地，不只有从属性，而且具有独立性。苏联插图艺术家维列斯基曾说："插图不是文字的尾巴，它应把文字作为依据，树立独创性，好的插图不需要加标题说明，更不需要从书中引话，只要读者看了插图就能去着重体会文学，唤起丰富的想象。"

第三节
插图的分类

文学插图还可细分为情节性和肖像性，中国传统木版插图称全图或绣像。鲁迅先生在《连环图画琐谈》中谈到，明清以来，在小说卷首先绘书中人物的称为绣像，有画每回故事的，称为全图。但二者又是相关联的，有时互相穿插在全书插图中，如鲁迅先后介绍过的俄国1846年由阿庚画，贝尔那尔茨基木刻的果戈理的《死魂灵》百幅插图就是例子。

一、情节性插图

一般指人物形象通过文学中的特定情节表现出来，并刻画了主人公的性格，也可用环境描写来衬托。

果戈理的《死魂灵》中乞乞科夫和梭巴开维支的形象是通过这两人的思想、语言、举动来直接揭露性格，那么画者也可画出主人公带有性格特点的动作或情节来刻画描述。例如《死魂灵》中玛尼罗夫这一组画，画家阿庚是通过马尼罗夫夫妇间亲密的喁喁私语的动态"张开你的口儿来呀，小心肝，我要给你这一片呢！"来描述性格，同时果戈理运用了梭巴开维支周围的一切环境来衬托主人公的性格，如通过农舍、井台、家具等背景描述，从这里插图家也可以用同样手法来处理之。

前苏联画家施马利诺夫为《罪与罚》所作的插图，把放高利贷的老太婆体现在最能代表她这个人特点的动作环境之中，她的吝啬自私和鬼鬼祟祟都表现在情节"她害怕开门，只是从门缝里向外张望"，这一瞬间的典型动作。同时画家也刻画了老太婆的形象，使情节和肖像相互渗透。

中国传统木刻全图也是情节性的插图，如刘君裕刻的《水浒传》插图《火烧翠云楼》，描写了大名府从东门到西门以及西门到南门，画出了时迁在翠云楼英勇放火；也画出了留守司前，以及大街小巷，执戈动刀，满布梁山好汉的奋勇战斗；王太守被刘唐、杨雄两条水火棍打得脑浆迸流，敌将李成又如何拥着梁中书走投无路等情节，处处交代得有条不紊，一目了然。在刻画上，既不是千军万马，也不是密屋填巷，而根据情节所需，在构图上进行概括、强调，不受画面空间的局限，收到既简洁又丰富的表现效果。这种经营位置的艺术手法符合人民群众的欣赏习惯，可以使读者了解到每一重要事件的主要过程，内容情节又非常完整。

图 5-7 《神笔马良》插图
张光宇设计

图 5-8 《水浒传》插图——
《火烧翠云楼》 刘君
裕木刻

图 5-9 "娇娘"绣像插图
（明）陈老莲设计

图5-10 绣像 上官周设计

二、肖像性插图

肖像性插图在中外文学插图中占很重要地位，我国古典小说常在书名上标明"全本绣像"字样，书中都在卷首附有小说中主要人物的图像，帮助读者更具体地欣赏小说中的人物性格和他的容貌，这类图像叫绣像也即肖像画。《周礼》上说"画绩之事，五彩备谓之绣"，可见，"绣"字除了做刺绣解释外，也可做绘图解。鲁迅先生谆谆劝导青年美术工作者注重绣像的学习，他在《连环图画绩辩护》一文中说："我并不劝青年的艺术学徒蔑弃大幅的油画或水彩画，但是希望一样看重并且努力于连环图画和书报的插图，自然应该研究欧洲名家的作品，但也更注意中国旧书上的绣像和画本……"

我国小说的绣像画以宋体《烈女传》为最早见，上截图像，下截为传，相传为顾虎头画。明代的小说绣像和插图盛况空前，不少著名的画家和刻工合作，刊印了精美的绣像插图，如陈老莲与黄子立合作的《九歌图》《西厢记》等。清代上官周采用了绣像形式，画了120个历史人物，汇编成《晚笑堂》画传，任渭长的《于越先贤传》《剑侠传》。绣像画着重通过人物外貌和简单的道具，如羽毛扇、古琴、刀枪来刻画人物的内心世界和性格特征，是画家根据文学传记臆想所创造的。画家往往被小说中典型人物所感动，对历史人物"默契于心，结而成像"，大胆发挥想象，创造出一个个生动逼真的可视形象，如近代小说《红旗谱》《祝福》《战争与和平》也有用肖像画来作插图的。

三、装饰性插图

装饰性插图的形式是从生活中提炼出来，变为程式化的描绘，它不是生活的如实描写，而加以极大的变形、夸张、图案化，它的艺术表现方法是有一定程式的，强调韵律、节奏、对称、均衡等形式上的规范。可吸收民间、民族传统艺术上的装饰手法，如铜器上的装饰纹、汉墓室壁画、画像石、敦煌洞窟艺术，以及民间木版年画、绣花、蜡染等，装饰性插图也包括京剧舞台上的身段空间处理和近代电影艺术上的蒙太奇手法，把远景、近景、天上、地下、虚景、实景都有机而巧妙地结合起来。装饰性插图适合于一定的文学内容、体裁和写作风格，如民间故事、诗歌、神话、寓言比较合适。张光宇的装饰插图《孔雀姑娘》《神笔马良》《民间情歌》，夏同光的《玉仙园》插图均属此类。

图 5-11　茅盾《子夜》 叶浅予设计

第四节

插图的文学艺术特征

讲文学插图之前必须理解文艺的特征，这样有助于提高插图的艺术性。众所周知，文学艺术不是靠干巴巴的说理来感动人的，而是通过形象的鲜明性，它的教育作用有时不能立竿见影，但它通过典型性的形象等艺术手段潜移默化地起到教育的作用，因而它不同于科学报告或逻辑证明，虽然同样是为了阐明唯物史观的真理。譬如同样描写19世纪末俄国无产阶级斗争史，在科学的《政治经济学》著作中描写如下。

俄国 1896～1903 年间工人运动可以分三个阶段。第一阶段：经济的，只须五个戈比的利害关系就可引起罢工。联合罢工主力是纺织工人，据统计1897年参加罢工的纺织工人为四万七千人，机械工人仅三千人，这时期的联合罢工状况是非武装的经济斗争。

这是真实历史的科学记述，说明这时期俄国阶级斗争的一

图 5-12　高尔基《母亲》插图
库克雷尼克赛设计

般发展规律的概念，也有具体数字的统计。从文学著作描写无
产阶级斗争可读高尔基《母亲》第二十七章第一节工人们为了
一个戈比的斗争。

弟兄们——伯惠尔用响亮确实的声调叫了出来。干燥而炽
热的云雾，遮住了母亲的眼帘，她突然地用一种硬直的动作，
站在她儿子的后面。群众向着伯惠尔，好像被磁石吸引住了的
铁粉一样地聚集拢来。

母亲望着他的颜面。——只看见了一双自负的、勇敢的、
燃烧着一般的眼睛……

——弟兄们！现在我们要向诸位宣言，我们究竟是怎样的
人！今天我们要高高地举起我们的旗帜，举起理性的旗帜、真理
的旗帜、自由的旗帜。很长的白色旗杆在空中闪着，斜斜地分
开群众，挨近了群众的中间。一眨间之后，在仰视着的人们上
面，好像赤鸟一般招展着巨大的劳动大众的旗帜。

伯惠尔高举着手——旗杆缓缓地摇曳，这时候几只手，抓
住白色的旗柄——母亲的手也夹在里面。

图 5-13 《五月》插图　斯伏令斯基木刻［捷克］

图 5-14 《儿童歌谣》 折布兰斯基设计［捷克］

图 5-15 福楼拜《包法利夫人》 插图［捷克］

图 5-16 《红旗谱》——《春兰》插图 黄胄设计

图 5-17 莎士比亚《奥赛罗》插图［捷克］

——劳动大众，万岁！——他喊。

几百个声音，轰然地应和着。（摘自夏衍译《母亲》，P228，中国青年出版社出版）

从《母亲》中可以感到独特容貌、思想感情和个性语言的人物形象。这同抽象的概念和用逻辑推理的科学的《政治经济学》大不相同。政治经济学家从统计材料着眼，证明社会各阶级的状况由于某种原因大为改善或大为恶化。诗人、作家则从生动而鲜明的现实描写着眼，告诉读者以真相，在真实的描写中显示社会各阶级的状况，由于某种原因已大为改善或大为恶化，前者是证明，后者是表现，虽然它们都在说明唯物史观的真理，不同的只是一个用逻辑结论，一个用形象描绘。

文学艺术强调典型形象、风格含蓄等艺术手法；而科学强调正确，一目了然，易于理解。文学插图和文学是联姻关系，和美术是血缘关系，它们都很密切。插图通过形象来感染人、鼓舞人，给人以美育，丰富人们高尚的情操，用形象帮助读者更好地理解文学原著。

图5-18 《罪与罚》斯马里诺夫设计［俄］

图5-19 鲁迅《故乡》插图 司徒乔设计

文艺性插图是选择书中有典型意义的人物和情节，用形象描绘出来可以增加阅读的兴趣。但在20世纪30年代当时欧洲一部分美术家认为：从小说文稿到印订成书，要给它创造一种形式，美化书的封面就行了，至于用形象美化内页，用插图揭示内容，那是读者的事，让读者自己去想象好了，后来这种看法逐渐被插图发展击败。鲁迅先生非常重视插图，他说："书籍的插图，原意是在装饰书籍，增加读者兴趣的，但那力量能补文学之所不及。"书中加了好的插图能使主题鲜明、形象具体，并美化了书籍。

插图目的总是为了丰富原著内容，帮助读者更好理解原著精神，因此画好插图除了技巧上炉火纯青外，又必须先理解文学的内容，用形象来表达，加强文字之不足。更要有丰富的生活感受、生活基础，不同插图作者由于生活经历和对文学作品理解深浅不一，同一主题的插图就会画得不一样，犹如演员对待剧本，首先他得熟悉剧本，并深深地用自己直接间接的生活理解剧本，才能向观众传授剧本的精神，用斯坦尼斯拉夫斯基戏剧大师的说法：演员只有进入角色才能发挥他对剧本的再创造，而不是依照剧本内容的简单的重复。司徒乔谈画《故乡》插图时说："我比较熟悉鲁迅笔下闰土那种人物的生活，创作之前我重读鲁迅先生的著作，常常发觉一些自己年轻时未能深入理解的东西。"文学作品描写人物事物的深度，对画家提出了高度的要求，刻画各种典型人物的特定的思想感情要把文学内容从文学描写转化为形象的描写，又要解决文学的局限性，即达到文学具体描写也不能替代的造型艺术的鲜明性。

插图是唯一能使文学继续刻画形象、补充内容的形式。就以苹果插图为例，在画苹果图解插图和为普希金长诗《死公主和七勇士的故事》配插图不同，在诗中描写苹果时这样写道："望着那多汁的苹果，它是那么新鲜、那么芳香、那么红润、那么金黄，仿佛灌满了蜜糖，连籽儿都看得清清楚楚……"普希金这几行诗句，使读者产生一个生动鲜明的形象，然而和苹果图解插图一比较，明显不及图解中描写的实际。诗人描写苹果为的是使读者特别关心苹果对于公主的命运将会产生怎样的后果。因为苹果内有毒汁，它的芬香、红润、金黄、蜜甜必定会诱惑公主去品尝，那一定会导致死的灾难。此时苹果的真实性已不是依据苹果的形状颜色是否真实，而是看诗的插图能否加强给予读者的艺术感受。同样人体解剖图和刻画人物特定思想感情的文学插图不同，古元的《祝福》木刻插图，虽在解剖上不及人体解剖图具体实际，然而画家着眼点在刻画封建制度下旧中国受压榨妇女的鲜明形象，那种充满了疑虑，不得其解的思想感情，深深感染了读者的心。

图 5-20 《祝福》插图
古元木刻

　　总之，文艺类插图和科技类插图在要求上是不同的，作为书籍美术家最好不要有这样的成见，认为画文艺性插图是高级劳动，要知道画科技插图同样可以在形式与技巧上加强艺术性，使读者阅读科技书增强兴趣、爱不释手。近年来日本、美国的科普图书插图已有新的突破，富有创造性，是很脍炙人口的。

第五节

商业性插图

　　实际上插图的英文 ILLUSTRATION 在欧美诸国包括书籍插图和商业插图，随着改革开放、市场经济、信息时代、国际互联网的到来，广告媒体大量出现，在平面广告中广泛采用水粉画、摄影、卡通、计算机扫描等插图表现手法。

　　不过当前外国商业插图采用喷绘艺术形式较常见，也均属写实主义一派，比较适合宣传商品及大众喜闻乐见的形式。不

图 5-21　中国民间艺术展招贴

图 5-22　马蒂斯画展文化招贴
　　　　　设计［法］

少商业插图画家在20世纪70年代都一个个成为普普艺术（POP ART）现代画派的佼佼者，如安迪·沃侯和罗依·李捷登斯坦。插图需要很强的写实技法，甚至超级写实主义技巧，推销商品总要把商品表现得真实完美，才能获得消费者青睐。一般说印刷媒体是商业插图的载体，像报纸上商业插图在数量上最多，任何一个企业只要做广告促销，原则上总是离不开四大媒体之首的印刷。

　　媒体、报刊的商业插图是设计人员经常接触的工作，是他们显露才华之地。一幅正规的报纸商业插图，在艺术形象和内容宣传上要求引人注目的图形与文字词句，即有视觉冲击力（EYE CATCHER）。当读者打开报刊阅读广告时，第一眼被吸引的是插图，有一句行家术语称"傻了眼"（EYESTOPPER），这就能诱导消费者购买欲之第一阶段——引发注意。为了达到这个目的，有以下因素：一是新颖的构思布局；二是动人的插图形象；三是绚丽的色彩；四是广告版面方法、大小、空白范围。绘画性插图或摄影性插图都有下列几个作用：一是读者注意力趋向广告版面了；二是传播了广告信息；三是提高消费者对广告上商品的欲望，深深印入脑海里。总之，商业插图也属于平面设计（GRAPHIC）大范畴之中。

　　商业插图作为一种艺术形式，其构思和表现手段与文学插图和一般绘画的规律和方法是相通的，不同之点在于商业插图也从属于商品宣传，又有其自身作为艺术作品的独立性。应当能完整明确地反映传播内容，并蕴有审美的功能。

　　商业插图这一课题，是从市场经济实际应用出发。在高新科技、瞬息万变的信息时代，商品社会经济活跃，信息传达迅捷频繁，文化的内涵不断扩充、丰富、调整，商业文化、企业文化、饮食文化、旅游文化、茶道文化等不断兴起和展开，有关商业活动、商业操作、商品信息的表达，越来越丰盛。

　　一切商业信息的传递不仅仅是宣传、促销功能上的诉求，更需要审美功能精神上的满足。这就必然对应用于商业领域的插图设计提出新的需求，也促使商业插图的艺术表现向更新奇、更独特、更巧思、更幽默、更诱人的目标发展。视觉传达是信息传达中最直观的方式，可以当作语言传达的方式，可以补偿语言传达的不足。视觉艺术本身有其独自的优势，尽管广告媒体不断地更新发展，人们至今仍把广告画喜称为"街头美丽的插图艺术"，一幅成功的插图式广告，观众可以从插图画面中获得广告主传送的多种信息与美感。

一、商业插图的历史沿革

从我国古代的书籍、绘画、器皿中可以考察祖先古人商业活动的端倪，了解他们在自然经济环境中，如何对商品进行操作、包装，广告方面使用图文的情形及演变过程。

当然在封建社会体制下，是不可能出现发达完美的广告宣传的。春秋战国时期韩非子在《外储说右上》书中说："宋人有酤酒者，升概甚平，遇客甚谨，为酒甚美，悬帜甚高著。"帜，即酒旗，民间称幌子，是古人传达信息的标志，是战国时期广告的先河。明代的历史小说类书册《盘古唐虞传》有"百姓相通，始作交易"的插图，画了两个男人在做买卖的情形，这是明代的画师对古人交易活动的想象。在四川广汉出土的东汉画像砖上刻的《市井图》，是一幅描绘集市贸易的画，左有东市门，右有市楼商号、店铺摊位，四组人物上下两部分，平面的剪影人物动态生动地表现了买卖双方讨价还价的状态，《市井图》已是一幅砖刻的广告插图了。

在中国历史博物馆里，陈列着一块雕刻铜版，是11世纪的宋代文物。上面镂刻有"济南刘家功夫针铺"八个字，中间是一只白兔抢杵捣药的图形，左右均写着"以门前白兔儿为记"，这是最早的商业插图，也是一幅体现商家有明确意图的印刷广告。除了广告标题、广告词，还有白兔插图，这幅商业插图与

选自《历代装饰画研究》南宋的绘画，已有700年历史，画中演员腰间挂着"广告画"

图 5-23　南宋的绘画《眼药酸》(局部)

文字安排得当，重点突出插图。那时的商家已认识到图形的诱导作用了。

700多年前的南宋，留下一幅《眼药酸》国画，画中画了一位推销员，穿着敞袖宽袍，帽子、服装都画了不少眼睛，手中拿着药瓶，腰间挂了一幅富有创意的广告插图，一只大眼睛和浓眉毛，主题非常明确。

近代一种小型商业插图在火柴盒盒面上出现，这是中国19世纪末工业史上较早的商品，生产量大、流通广泛。中国第一家火柴厂——巧明火柴厂的火柴盒面标贴《舞龙》，插图描绘两个小孩手持龙灯，手举匾牌一起舞蹈。火柴标贴插图题材广泛，并不局限于宣传商品本身，插图中还有身穿旗服的满族妇女、清朝海军官员的肖像、动物花卉图案等，这时期绘画形式均为线描和一些明暗处理的色泽，结合少许西洋绘画方法。这种绘画风格风靡一时，"香烟画片"插图和香烟招贴的"月份牌"商业插图都有所运用，是传统文化与外来文化融合趋向的展现，这一时期作品的造型、构图、色彩又都吸收了木版年画的余韵，至于西洋广告艺术的历史沿革将在后面详述之。

二、商业插图种类

商业插图通过媒体传播信息，媒体基本上由印刷媒体、影视媒体和网络媒体来传播形象的、视觉的商业插图。印刷媒体包括招贴海报、报纸、期刊杂志、产品包装、样本手册，以及POP（POINT OF PURCHASE）等。影视媒体包括电影、电视、电子显示大屏幕。网络媒体主要是国际互联网上的网页。

招贴一般由文字和图两部分组成，图形部分是招贴画的重点，采用插图手法。招贴具有平面的、静止的和注重可视性等特征，同各种广告媒体相比较，最接近绘画形式。招贴的运用较广，故有"广告之王"的美称，设计家经常通过平面商业插图表现自己的设计理念和技巧风格。

报纸是信息传达较迅速的媒体，覆盖面广，时效性强。报纸虽以文字为主，但插图面积仍占很大的比例，尤其是画报式报纸，以图为主、图文并茂，深受企业家关注与读者的喜爱。

期刊杂志是周期性的印刷读物，与报纸相比较持续性稍长，有些杂志的商业插图安排在封面、封底上，这个是黄金版面，与读者见面时间较多。

产品包装应用广、门类多。包装插图大致分提示性插图和说明性插图，提示性插图用形象表达特定的商品内容物，形象明晰、视觉力强；说明性插图为消费者提供信息介绍、产品背景、使用方法，一般采用多幅组画。

图 5-24　力士香皂广告招贴

连续插图形式样本手册和POP企业宣传品，仅以商标为主的设计形式已成为过去，目前出现了生产即销售的观念，企业调动多渠道的手段，形成整体全方位企业形象，这即企业识别、企业风格的塑造。视觉化的企业形象诉求力极大，企业发送的年报、月历、贺卡、样本、POP等发行物媒体，都是辅助企业宣传的手段，这也是商业插图施展才能的一个领域。

在影视媒体上的商业插图大多以连环式动画表现，而动画则把人、物的表情、动态分段画成多幅画面，先连续拍摄，经过视觉上的连贯印象形成有动作的插图，这是一种流动性的商业插图。所不同的是它的载体不是印刷纸张，而是影视屏幕。

商业美术设计多种多样，针对不同要求商业插图应发挥相应的作用和效应。有利用商业插图直观地表现事物的，使人们从插图里认识商品的形象、色彩、质感、性能，插图在写实地描绘事物形态特征时，应有目的地强调重点，引导人们对事物的认识。如一只鸟笼，在电影商业广告中它里面关着一位少女，那么重点要放在少女不自由受煎熬的情态中，鸟笼可画得简洁些；而在销售商业插图中，鸟笼以商品定位，重点应刻画鸟笼的精致性、商品性、立体性，这是由商业目的所决定的。有的商业插图，特别是公益性广告，主题常常是表现一种精神理念，用语言文字表达很容易，而精神是无形的，若改用直观图形来表达就要费一番思索，将抽象理念转化为直观形象。例如和平理念，可以用鸽子来象征，也可以用禁止符号"⊘"，交通标志中的禁止符号在符号中间画上枪炮来示意，可从不同角度，运用不同手法画出这一理想。

商业插图要有趣味性，要引人注目、激发兴趣。1981年在巴黎街头人人都对三幅系列广告画感到好奇和兴奋，原来第一张广告画上画一个正面着装的女性，广告语上写着"在9月2日我会脱掉上面的衣服"，到了那天人们见到第二张广告画，画面上果然画着露胸的同一女性，但广告语上又写明"在9月4日我将脱掉下面的部分"，围观的人都有悬念："她能否做到呢？"到了9月4日第三张广告画张贴了，人们见到了承诺，画中人照办了，但却是该女性的背影和销售的商品信息。总之，商业插图要诱发观众兴味但又不能庸俗化，还要在极短时间里把信息传达到消费者眼中。

|思考题|

1. 书籍插图与商业插图的共性与个性，有何区别？
2. 插图的形式，风格可分为哪几种？
3. 举五位我国古今插图画家，以及他们为哪本书画过插图？

|作业|

1. 从你阅读过的小说中，自选一本书，试画两幅插图，形式不限，尺寸自定，黑白、彩色均可。
2. 制作一幅销售服装的、印刷媒体用的单色商业插图，尺寸自定，需带广告词句。
3. 临摹一帖古书中的"绣像"插图。

《红楼梦》插图版式　王红卫设计

第六章　书籍版式编排

　　任何设计都会牵涉到艺术和科技相交的一个特殊创作领域，设计作为一门学问，不像医学、化学、工程学等学科那样，范围较集中，有单独的学术性格。设计，它涉及艺术、科技、心理学诸范畴，深入人们衣食住行及文化活动各个角落。

　　书籍版式设计是一个常被人遗忘的角落，如何综合、提炼，进而归纳成版式设计理论，是本章需要探讨研究的。设计家专心于美的创造，人们欣赏一曲贝多芬的交响乐，一幅达·芬奇的油画，获得美的享受，会使人们在情感上得到满足，这就是艺术、设计所共同追求的目的。但艺术家在创作过程中不必像设计家那样，还需要考虑设计作品的实用性、经济性，即设计产品最终能否给人民生活带来方便、实惠、价廉、物美，在这方面，与纯艺术存在着明显差别。出版社的技术编辑只关心版式上尽量排满字，而美术编辑要关心版式的编排能否给人们以最美的心理感受。除了功能性外，还要有审美价值，能给人以良好身心影响的设计，才会被设计家们确定为成功的设计。

　　20世纪现代美术的兴起，给设计美学带来了崭新的影响和启示，现代美术之前的西方美术史，都在寻找对客观对象大自然的描绘，依据自然来反映美。而1877年照相术的出现，刺激了艺术家更深邃地思考美术如何表现对象问题，印象派画家从光与色中彻悟了绘画要素是色彩，而现代派美术最大特征是对抽象思维的冲动，立体派、构成派、风格派（DE STYLE）、未来派都独具匠心，开展艺术创作活动，并对各种流派的视觉效应进行了理性研究，从而形成了创作中的新颖的视觉表达方式。蒙德里安（MONDRIAN）的几何形的抽象造型，红、黄、蓝的原色，垂直线水平线的各种分隔，形成无穷变幻的"方格绘画"，并延伸到书籍版式、环境艺术、服装设计、装潢艺术领域。此外波普艺术（POP ART）和视幻艺术（OP ART）相继问世，抽象视觉要素所构成的纯艺术与设计艺术似乎由两个轨道分道扬镳渐渐向合二为一转变。抽象美术的新审美性，使视觉艺术的内涵得以揭示，这种抽象性由于摆脱了自然的束缚，使它在美学上极其自然地影响到现代版式设计领域的发展，这种新颖的、充满活力的设计使21世纪的生存环境大为改观，使人们置身于现代文明之中。

第一节

版式设计的基本概念

有了纸质的书，才产生版心、布局、天头、地脚、内外切口的空白，这就形成了版式，这个指导思想的觉醒，开始于近代艺术、科技、印刷工艺的进展。许多有识之士从传统的版式布局框框中觉醒过来，要求出版社重视版式的"易读性"、内容的"可读性"和插图的"可视性"。

版式设计应该是"视觉美感"的创作，目前国内出版社相当一部分还是美术编辑与技术编辑分庭，版式设计皆由技术编辑负责，书籍版式往往形成固定的模式。为了充分利用版式空隙，密集编排较多，读者阅读时间一长，就伤目费力，增速疲劳，使读书兴趣减弱，"易读性"不够理想。

书籍的版式设计是指在一种既定的开本上，把书籍原稿的体例、结构、层次、插图等方面做艺术而又合理的处理，使书籍内部的各个组成部分的结构形式，既能与书籍的开本、装订、封面等外部形式谐调，又能给读者阅读带来方便与舒适。

组成版式的因素包括：版心的大小，文字排列的顺序，铅字、花边、排版材料的选用，行间和段间、章节前后的间距，版式的布局和装饰。版式设计所触及的范围广泛，但重点主要是版心的布局与字体、装饰等问题，这是出版社美术编辑所必须过问的一门学问，也是作为书籍装帧专业的学员必须研究的课题。

一、版心

　　版心亦称版口，是指每一版式上容纳文字或图画的面积。版心四周留有一定的空白地方，在上的称上白边（天头），在下的叫下白边（地脚），靠近书口和订口的空白分别叫外白边和内白边。版心在版式上的大小位置与书的体裁、用途、阅读的舒适方便、版式的美丑以及从经济上节约纸张都有关系。

图 6-1　插图　康人平设计

　　洋装书一般横排，地脚大于天头，而线装书则反之，欧洲出版社对版心的位置大小非常讲究。德国契肖特装帧设计家专门研究版心，而且从古籍福音书中得到一些模式，版心四周的白边留得过大，版心就相对缩小，容字量随之减少；反之，如放大版心，少留空白，会使读者在阅读时有局促感，非但有损于版式的美，而且在装订上也易形成差错。一般说理论书籍的空白边要留得宽一些，可便于读者在版式空白处批注心得，字典、年鉴等工具书，白边就可留得少些，可多容纳图文，相应减少书的厚度。但确定厚本书的内白边宽度时，必须注意到不要使版心缩进订口的隆起处。另外版心和装订形式也有联系，用黏合剂无线装订，书页都能摊平，打眼平订装订法，书页摊不平，钉眼又占一定的版式，因之设计版心时其宽度得适当窄一些，而骑马订和锁线订的钉眼不占用版式，书页基本上能摊平，版心的宽度可以稍大些，版心一宽，横排书通常每行可多排 1 ~ 2 个字。

　　版心具体的高度和宽度确定以后，才可以考虑用几号字、每行字数和每页行数。国内一般程式化的版心尺寸为 100cm×160cm 左右。如《美的历程》一书大32开，五号字横排，每行27字，每面26行，行间用正文五号铅条做行距，每面容字为702个。再如有些大32开本书，五号字横排，每行27字，每面25行，每页容字为675个，其版心尺寸为 100cm×159cm，如改成直排，仍用五号字，每行42字，每面15行，容字630个，其版心尺寸即成了 95cm×154cm。

这里必须着重讲一讲版式的空隙、版式的间隔，它们是调整读者阅读时的"视觉缓衡"。我们知道空白，不是空无所有。空白能造成视觉的集中、突出，并使版式美化，使读者得到视觉舒畅的轻松感。当然空白的运用要适度，保持整体的均匀性。国外有个术语叫"间隔的醒目价值"（ATTENTION VALUE OF ISOLATION），空白有时起到和分割线一样的间隔作用，间隔分割的好坏全在于设计者的美学修养和按内容主次的巧夺天工。

另外须提及的还有版心在版式上都宜偏上不偏下，方觉适中，因为从整个版式来说有两个中心，其一是几何中心（即对角线的相交点），另一是视觉中心。横排书的版心在整个版式上位置应偏上和靠订口，四周空白上下大，内小外大为宜。

二、排式

排式是指正文的字与行的排列方式，中国古籍书大都采用直排式，这种形式是沿袭中国书法自上而下，自右而左的规

图 6-2　薄伽丘《十日谈》　W.莱克插图版式设计［德国］

程，但这种竖排法不符合眼睛的生理健康。就生理现象讲，每个健康人眼的视野横看比竖看宽，根据实验，眼睛直看向上能看到55°，向下能看到65°，上下共120°。横看向外看能看到90°，向内能看到60°，两眼相加为300°，除中间50°是重复的外，可看到250°，可见横的视野要比竖的视野宽一倍有余。由此可见，文字横排式更适应于人眼的生理机能，对目力损耗少而便于阅读。

图6-3　儿童书籍文字编排，富有趣味性

　　为了保护读者的视力，排式设计也要符合人体工程学（HUMAN-ENGINEERING）。字行的长度也得适当考虑，字行过长会使阅读麻烦，据实验，用新四号字（相当于10P外文铅字）的字行，超过100～110mm或用小于5号字排的字行；超过80～90mm时，阅读费力；如果字行长到120mm时，阅读的效率就会降低5%。因此，根据阅读方便和保护视力，字行的长度不应超过80～105mm为好。

　　一般32开书籍都为通栏排版，在16开或更大的开本上，其版心的宽度较大，假如用五号字或小五号字排版，为了保护视力，可缩短过长的字行，排成双栏。一般期刊都已采用双栏排式，如不宜双栏排的，如"序言"、"编后记"等，可改用大号字排或将版心适当缩小。

图6-4　德国现代版面设计

　　有些书籍正文不长，每段文字简短，但副标题多，如辞典、手册、索引、年鉴等，也需要改用分栏排，有双栏、三栏、多栏。多栏排式中每行的字数应相等，栏间隔空1～2字，也可放一直线或花式铅条来做间隔线。

　　诗歌的排式一般都是每句分行排，每行字数不多，若照一般书的格式来排版，则版心左重右轻，偏于一方，很不匀称。所以诗歌的排式要根据开本、句子长短来确定版心，一般开本狭长形为好，在每句起行留空处可多空几个字，空4～6格，使诗歌的每行长度在版心上能大致居中。有些诗歌有特殊排列如梯形诗、宝塔形诗、三角形诗，版式设计家可根据具体诗集来发挥创造性，把版式设计得既美观又新颖。

第二节
版式设计的要点

　　版式如何设计得美，单靠美术编辑还不够，还必须和文字编辑合作，使文字编辑对版式的指导思想体现出来。因为编辑通过设计把信息传递给读者，当读者拿起书来阅读，编辑和读者之间的交流才算开始。

　　版式设计第一要点是版式必须紧凑，易于阅读。很难想象用不通俗易懂、难以阅读的古篆体字排版，只有版式出现易认易读的句子，才能算有了版式设计。宋明版本的版式有的虽然很美，但终究是古代的书式，作为研究书的历史发展和传统形式是可以的，但毕竟离时代设计思潮太过久远。在欧洲也有类似情况，1499年用活版印刷的书《波利菲吕斯》（POLIPHILUS）由罗马字雕刻师弗朗西斯哥·轧里夫（FRANCESCO GLIFFO）雕刻的活字字体漂亮，版式布局也匀称，虽是古书版式设计的楷模，但距今已有500年，与现代艺术形式大相径庭了。

　　版式设计第二要点是书籍从第一页读到最后一页，其各部分的顺序是比较严谨的，而杂志各部分互不联系，可以按读者兴趣从哪页读起都可以，所以每部分版式可独立、变化，这是二者之区别所在。

图6-5 《猫》 清华美院学生习作

一、现代版式分割的由来

　　家居中的门窗、地板都存在面的分割。书籍杂志、报纸编排的设计、书籍插图与文字版式的比例也必须研究版式分割。

日本民屋中典雅的榻榻米草地铺设方法，不外乎为面的分割，它的基本形式是$\sqrt{4}$矩形（即两个正方形），由此组成各种方位的摆设。荷兰现代画家蒙德里安的早期作品就是按照面的分割和各种比例的矩形构成，稍后有T．V．杜斯勃轧，他们都受到立体派艺术的影响，并领导了风格派（DE STYLE）运动。他们在新造型主义宣言中指出灵活的面的分割（DYNAMIC OF SPACE）是美学的精华，认为从对称平稳的模式中能分割出有秩序的、有节奏的画。

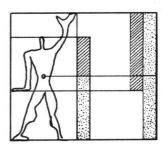

图6-6 勒·柯布西尔的模度率

稍后勒·柯布西尔发展了"风格派"运动，他根据人体来分割面的形成称为模度率（MODULE）或称人体比例模式。勒·柯布西尔的模度率是谋求建筑生产近代化的同时，给建筑设计以合理的审美性。他的方法是以高183cm的人的肚脐高度为113cm，伸长手臂的高度为226cm，下垂手臂的水平手掌的高度为86cm，在这几个人体尺度比例中，包含着黄金率，所以模度率是美的比例的分割。虽然模度率对建筑设计比对版式设计更有价值作用，然而它揭示了一个从对称的平均值中发展现代设计的不对称美学体系，这对版式设计革命有很大的影响。

二、约翰·契肖特的模式

欧洲在12～16世纪，是基督教盛行的哥特式艺术风格时期，开本大，而且笨重的手抄本祈祷书是中世纪书的特色。到文艺复兴时期人文主义兴起，人们才开始印刷玲巧秀气便于使用的书。19世纪资本主义工业化兴起，印刷机器开始使用，然而工业化初期，生产分工，资本家为了利润，使书籍生产各部分失掉了整体的和谐性。欧洲在这时期的出版物不太讲究美的比例，往往版心正放在版式正中心，天头地脚内外切边都等距离，打开书本，左右对开页失去了它们之间的有机联系，失去了"雌雄同体"性，显得清一色和单调。

近百年来，特别是近20年来，为了美化版式设计，敏锐的装帧设计家已开始研究考虑这个历史延续下来的缺陷，而且明白了这是由于版心四周比例节奏的问题，并设法用数值把哥特式时期的这个比例计算出来。书籍装帧家约翰·契肖特（JOHN TSCHICHOLD）对哥特式后期的圣经做了分析研究，求出开本比例为2∶3，而版心的高度等于开本的宽度，那么内、上、外、下四边的边缘比例为2∶3∶4∶6。另一位装帧设计家罗尔·罗塞利奥（RAUL ROSSARIRO）接着研究分析，又计算出开本宽度尺寸的一个1/9宽度做切边，两个1/9宽度做外切边，开本高度尺寸的一个1/9高度做天头，两个1/9高度做地脚，得出版心和开本是两个相似矩形，称为九段划分测版心法，并证实了契肖特的测量法。1946年方·德·格拉夫（JOH. A. VAN de GRAF）又根据罗塞利奥的九段划分法求边缘比例图，他借用了13世纪建筑师菲拉特（VILLARD）所发现的，借助一个矩形对角线和中线对角线相交渐次数列的分割法，可以将一段线任意划分为许多同样等份，格拉夫的这种方法称为"蛇腹式划分法"。它能在任何一处长方形开本中使用，而且能获得一个较理想、较谐调的版心比例。九段划分法版心有限，还可以用蛇腹划分法演变为12段划分法使版心略微大些，如果版心要小些，还可以用6段划分法，依此类推。

当前出版的书籍版心都很靠近页边，文字密密麻麻边缘也不讲究比例，我们应该借鉴欧洲的编排模式，首先弄懂，然后再吸收，如同京剧艺术中熟练的行当程式只有熟悉才能驾驭。

所谓"有法之极，归于无法"，现在欧洲好多版心设计又在突破各种模式。打破框框、创新立异，追求适应新时代的美学观点，20世纪在版式设计上出现达达主义、表现主义、新客观主义等流派，它们的一个基本特点，即彻底脱离传统的版式设计，绝对地不对称，不等同，强烈的对比，这是近百年来欧洲设计家对书籍艺术革新的尝试。

三、插图与文字版式的谐调

　　装帧总体设计中除了版心和边缘比例的美化外，字体和由字体形成的版式及插图形式互相谐调也必须引起设计时的重视。

　　字体是总体设计的因素之一，它的任务是使文稿能顺利阅读，即有"可读性"、"易读性"。通过文字的排列使读者明确它们的含义，虽然字体大小、形状在看书时往往易被人忽略，但随着看书时间的延续，目光不停地在字里行间长时间移动，字号、字体排列的疏密、大小、繁简就会对读者身心产生直接的精神反应。一定的字体会唤起一定的心理作用，或娇柔或严峻，或古雅或流畅，如同中国书法上的篆、隶、楷、草给人的精神作用就不一样。

　　欧洲很讲究字体排列中的黑色密度同插图形式的谐调关系，如嘎拉蒙体（GARAMONT）有明快敞亮的调子、柔和美观、可读性强，配以线条流畅白描式插图形式很相称；如用字体略粗放一些的特鲁浦古体字（ TRUMP MEDIAVAL），编排后会使版心黑色密度加重，用黑白粗犷的木刻作插图，也能相得益彰。总之要根据字体编排的疏密，行间的空白，整体的黑色覆盖面积和文中插图或全页插图一并考虑设计。目前我国出版界往往是美术编辑组插图稿，技术编辑排版计算文字，"铁路警察各管一段"，然后拼合而成，这是不符合版式设计科学性和整体性设计要求的。

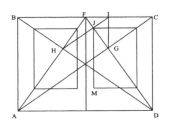

图 6-7 蛇腹划分法求版心

图 6-8 雌雄同体[①] 的版式
《姑娘爱唱自己的歌》插图编排
邱承德设计

---

① 　雌雄同体：海兔（蜗牛的一种）在交配时，雌可变雄、雄可变雌，故谓之"雌雄同体"，这里指双页版心墨色覆盖面互相协调，不失均衡。

第三节
版式的形式美

　　形式美的规律又称形式法则，是一般设计师常用不竭的，形式规律难以尽述，它在装饰布局、标志图形、包装装潢、广告构图、环境陈设等方面均有使用，而它也是随着经济基础、生活方式、民族习俗、时代精神、思想情感的发展而变异的。

　　对称形式在文艺复兴时代和我国宗教艺术中经常使用，而后工业社会及现代派艺术中为其他形式美法则所替代。对称是均齐的类似形，两个均齐式样可以成为对称式样，两个平衡式样也可以成为对称式样，像门上贴一副对联，就是生活中的对称形式。门面是平面的，书籍的版式设计也是平面的二维空间（TWO DIMENSIONAL VIEW），一般为矩形，它部分是空白页，部分印上大小文字，装饰线条，色泽和图片。版式中间有文字部分的面称版心，版心四周的空白比例是不相等的，版心上的字、图和空白组成了由黑白灰的各种构成变化，每一幅版式都有着不同的形式，因此版式设计首先要研究平面上的各类比例、重复、均衡、空白、韵律、节奏等诸问题。

图6-9 《女神》薄伽丘文；霍夫曼插图；波克莱版式

一、比例

一张矩形的洁白的纸就有高度与宽度的比例，这种矩形比例大致分三类：①数值比矩形；②平方根比矩形，如1：1.414（$\sqrt{2}$）；③黄金比矩形，如1：1.618。矩形即长方形，因长边与短边之比例各异，故分为三类。

数值比矩形为整数比例。数值比矩形有3：4形式，它有坚固、舒适、可靠的视觉感，1：2的形式表现出文雅、高尚的风度，其他好的比例还有2：3和5：9的形式。

平方根比矩形即其中一边非整数而带有根号（$\sqrt{}$）数，譬如每边框边1m的正方形，其对角线长为$\sqrt{2}$=1.414m，以对角线$\sqrt{2}$为长边，以1为短边，构成平方根比矩形，根号可以为$\sqrt{2}$、$\sqrt{3}$、$\sqrt{5}$……

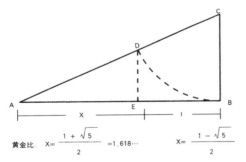

图6-10 黄金比例的画法

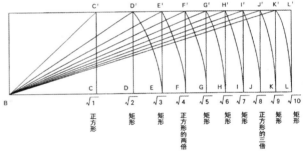

图6-11 各种矩形根号比例的画法

黄金比矩形即黄金率1：1.618或1：0.618所形成的矩形，它是古希腊流传下来的最美的比例，经常以"ϕ"符号做标志，这是因为20世纪初有人建议用公元前5世纪古希腊雅典雕塑家菲狄亚斯（PHIDIAS）名字的第一个拉丁文字母ϕ来表示。因为菲狄亚斯于公元前447～430年在雅典纳神庙中（PARTHENON）用黄金比建立了美的建筑比例，到了15世纪文艺复兴时代意大利的P. L. 拜西奥利（PRA·LUCA·PACIOLI）

写了《比例分割》一书（DE DIVINA PROPORTION），从此之后就把黄金比例作为形式美法则流传延续至今。断臂维纳斯、巴黎圣母院、凯旋门和骏马的颈与体比例都蕴藏美的黄金律。黄金分割的画法是：假设一根 AB 线，取其长度的 1/2 在 B 点画 AB 垂直线 BO，以 BO 为半径以 O 点为圆心画圆，连接 AO 与圆周线相交于 X 点，把 AX 线为半径以 A 点为圆心作弧线，相交于 AB 线上的 G 点，可得 AG。若 $AB=1$，那么 $AG=0.618$；若 $AB=1$，则 $AB+AG=1.618$。

每边相等的正方形，给人以朴实、公正、客观的感觉，适用于长型图片或横型图片数量大致相同的画册。长与宽完全相等的正方形在视觉感受上并不是正方的，而略宽一点，这涉及一种视错觉现象，必须使长略大于宽，才能获得正方形的印象，所以凡同等长度的线，在视觉上竖线略短于横线。

处于以上比例外的矩形形式都缺乏明确的性格和表现力，若偶尔用之倒还是有新鲜感。当然，这些比例不可能在任何版式上都取得完美的效果，重要的一点是凭目测和视觉感受。这里介绍一种测试方法，可以用黑纸剪裁成两个"⌐"形直角，上下颠倒组成一个框子，然后上下左右地移动，直到产生一个理想的、美观的高宽度比例为止。比例关系除了适用于版式，也适用于版心、字组、图片和空白。

二、对称

希腊数学家毕达哥拉斯（PYTHAGORAS）说过："美的线形和其他一切美的形体，都必具有对称形式。"在中外艺术史上都有体现，中国几千年前的彩陶纹、彩陶形，旧石器时代咸竺多夫（WILLENDORF）的早期维纳斯雕像，都说明对称早为人类所认识与应用了。

对称原本是生物形体结构美感的客观存在，人体、动物体、植物叶子、昆虫肢翼都为对称体，对称是人类最早掌握的

（a）诗集的双页

一种形式美法则。物理学家杨振宁博士在"诺贝尔奖获得者日本讨论会"上的演说中讲到对称性时说:"在初期文明时代,人类发现了存在于自然界的种种对称性,例如在中国汉代,人们就已知道'雪'这种晶体的基本形是六角形,人们还把这种对称性应用到美术、音乐、建筑和文字等许多领域中,宋代诗人苏东坡曾写出可以倒读的诗篇,巴赫在音乐领域里也进行过尝试,他谱写出了从末尾开始演奏也成一首二重奏的乐章,在科学世界里,对称性概念曾起过重大作用。"

（b）对角线对称

对称和平衡是"双胞胎",但对称不一定有中轴和中心支点,它不像平衡形式要求同形同量的均齐,对称可以整齐也可稍有变化。对称是版式设计的一个最重要的设计原则,最常见的是绝对地将一行标题放在正中间,均分左右两侧的空白,对称在今天的书籍、画刊版式设计中仍然是一种重要的设计方法。

关于对称和非对称的看法并不是古典传统和现代版式艺术设计的"分水岭"。我们不应该对版式设计的艺术性和表现力理解得过于狭窄,应该"量体裁衣",对于一定的书刊应该选择一定的版式设计形式。此外,"近似对称"的均衡,或在对称中包含非对称因素,比绝对对称的设计效果更为赏心悦目。

（c）

三、均衡

均衡也即均齐与平衡的结合含义。"衡"指度量衡中称物体轻重的秤,所以均衡原指衡器、天平秤两端相等的量,是动力、重心两者矛盾统一所产生的形态,均衡和运动是分不开的。

（d）

图6-12 对称形式版式设计

在版式设计中均衡是一个图形的各局部在量与数上的均等或近似相等,均衡的基本形式主要有两种:一种是"对称均衡";另一种是"非对称均衡"。对称均衡有秩序、整齐、和谐之美;在非对称均衡中,中心轴、中心点周围的形体、形异量等,或形似量异,或整体均衡。

均衡起初的感觉是紧凑和抗争。然后利用虚、实、气、势

（a）传单

（b）画册扉页双页

（c）

的反向力达到相互呼应和谐调，它的形式结构主要是善于掌握重心，布局自然，合乎情理。由于均衡比较生动，能引发观众的情感，使读者的视线追随版式的文字、线条、图片、重力而移动。如果版式的布局引向新颖的、独特的、醒目的均衡美，就会取得百分之百的靓丽效应。另一种没有中心轴线的版式布局设计，不是单单权衡左右重量多寡远近，而是什么也不印的空白的空间。

四、空白

在大多数情况下，读者只对版式上的文字、图片、装饰纹感兴趣，至于一无所有的空白，那是很少有人去过问的。空白，从审美的角度上衡量，它与刊印的文字和图形具有同等重要的意义。齐白石画师画虾，四周留下一片空白，这里空白不是空无所有而是水的意喻，所以画论上有"以白计黑，以黑计白"之说。

版式空白乃版式的间隙、间隔，是调整阅读时的"视觉缓

（d）

图6-13　均衡形式的版式

衡"，空白也同时造成视觉的集中，醒目突出，使版式舒畅，使读者在视觉上有轻松愉悦，洒脱不羁之感。显然，空白好似国画中的背景和建筑物后苍穹衬景，它有着烘云托月的作用，强化主题的效应。在一幢住宅里什么是第一位的，是墙还是墙里

面的空间？在一个字上什么是重要的，是笔画还是笔画之间的空白？应该是相辅相成，缺了谁都不行。但在习惯上人们仅注意版式上的字和图，而漠视空白，所以在设计版式时必须注意空白的大小以及其比例关系应该明了。

如果版式上来个底图反转，版式是黑色的，文字是白色的，又会是怎样的情况呢？我们不妨把版式设计与建筑平面图相比拟，每一条字行都像建筑物的墙基线，由此划分墙内墙外的空间，也即版式中的字行之间的空白和版心外的空白。它们的形状、大小、方位和比例关系决定着版式设计的美与丑。

（a）扉页双页、强调文字和空白的对比

（b）空白产生联想

五、韵律

韵律与节奏是一对孪生姐妹，节奏是反复机械之美，而韵律是情调在节奏中的作用。

节奏也称律动，即同一单元连续重复所产生的运动感。譬如一个物体重复地出现，连续地排列在空间中，便可表现出有秩序的造型。室内的暖气片、室外的电线杆、图案纹样，多处可看到构成节奏因素与场景，同一形象的反复和缺少变化的形象组合，没有奇异突变的排列方式，也会产生单调乏味感，使视觉中冲击力平平，不能引人注目。

（c）

节奏的基础条件是条理性和重复性，韵律和节奏都是艺术基本表现方法，德国伟大的文学家歌德（GOTHE）曾说："韵律好像魔术，有点迷人，甚至能使我坚信不疑。美丽属于韵律。"这种迷人的美的根源来自大自然的规律，在自然界的众多现象是以韵律作为基点的，如春夏秋冬的转换，白昼黑夜的交替，潮起潮落，月盈月亏等。人类早就有这种感受。韵律能使运动和劳作变得轻松，如走路、划船、打夯、锤铁，由于千百万次的重复，人类获得了一定的条件反射，从而上升为生活与和谐的真理。

（d）

图6-14 空白的版式

韵律对于人类非常重要，违反了它就可能发生危害和险

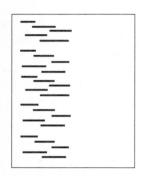

（a）诗

（b）杂志封面

（c）散文护封

情；反之，突出韵律能提升生活的乐趣，如芭蕾舞、交响乐、装饰画等。韵律还能使抗争双方统一相处，在艺术设计中创造出一种优美的情调。韵律要求有组织的和有变化的相互交替，在版式设计中，韵律可以在文字词句的重复中，以及行距空白的反复中存在，并且以有组织有变化的相互交替在同一版式中产生艺术的魅力。

六、对比

对比是版式设计的基本造型技巧，把两种不同的事物、形象、情绪做对照，相互比较，如方与圆、男与女、大与小、黑与白、深与浅、粗与细、高与矮、肥与瘦。唐代诗人王维诗中有"大漠孤烟直，长河落日圆"，很形象地令人感到大漠的水平线与孤烟的垂直线的对比，长河的直线与落日的曲线相对比，所以王维的诗如画，完全可以用抽象的几何描绘出来，把两个明显对立的要素放在同一空间达到矛盾统一，对立统一，在强烈反差中获得鲜明形象对比的动人效果。

任何艺术作品都需要对比，对比的应用也是版式设计取得强烈效果的最重要的方法，高低、粗细、宽窄、曲直、横竖、单双、点面、虚实、刚柔、正反、动静等。不过，对比必须清晰鲜明，一目了然而不模棱两可，而与对比有血缘关系的近亲是"调和"。在对比与调和的各自造型要素中，不论文字编排抑或图片色彩，都有一定差异性，对比的差异程度越大，调和的差异程度越小。对比与调和其差异程度很难明确规定，只得根据构图、色彩具体情况，凭视觉感受来确定其分寸感。总之，对比是强调同一造型元素中相对立两部分之间的差异性，而调和是在同一造型元素中各部分在差异程度渐次相近变化中趋于统一。

七、力场

版式编排归属平面设计范畴，抽象派大师康定斯基说："平面是活的，是有呼吸的。"他把平面当成立体的生物，有肺有鳃，活灵活现。他意识到在平面空间中的一根线，放在高处或低处之间存在感觉上的细微差别。

（d）杂志封面

平面的上半部分给人们一种轻松、飘飞和自由的联想，越是向上看，这种感觉越强烈，而平面的下半部分给人完全相悖的感觉：压抑、束缚、下垂感，但稳定、沉重。这种高与低的心理感受是人类眼睛在平面上受到重力影响的内心体验。类似的感觉也同样存在于平面左方和右方两个部分：左半部分感觉轻松、流动和自由；右半部分感觉紧迫、沉重和固定，因为人们的视线感到从左向右的运动是自然的，吻合生理习惯的。如阅读、书写和一些工作常是这样的，这种习以为常的条件反射影响到平面视觉导向上来，这就是平面视觉力场。

（e）杂志封面

图6-15　阶梯形韵律版式设计

平面上这种力场还影响我们的其他视觉感受，如不用说明，我们的视线就能看到平面的轮廓，沿着边缘滑动，在四角的点上停留一刹那，很快就找到了平面的中心点。

平面的中心点是由两根对角线相交合成，也是由垂直线和水平线交叉成十字形成的中心点，这是视觉的双目根据交点萌发的一种想象的结构。在形成的主要结构线上的点是我们的眼睛已经熟悉的，感觉自然和稳定，特别在中央垂直线上的是这样，但最重要的和绝对静止的点是平面上的中心点。有人做过许多次的心理测验，大约10个参加被测试的人，要求他们在一张长方形的纸上放上一个用纸剪成的黑点，第一是把黑点放在感觉最舒服的方位，使其比例合适，10个被测试人中大多数把点先放在中心位置上，接着又移动到中央垂线黄金分割点上；第二是把点放在十分醒目的地方，要求打破常规，取得尽可能大的紧凑和令人惊奇的效

（a）大与小、黑与亮

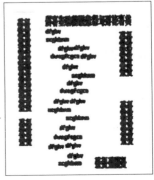

（b）动与静、大与小

果，测试结果表明，几乎十之八九的人把所有的点都没有放在结构线上，避开了中央垂直线、中央水平线和对角线，更多接触到其余次要的线，也没有一个点放在侧旁与上下距离相等的方位上。

平面上力场方位有强有弱，也就是"视觉诉求力"有强有弱的问题，一般报纸上第一版报名左右两处的广告最有"视觉诉求力"，能引人注目，广告刊出费也高。而报纸的中缝、夹缝的广告"视觉诉求力"低，广告费也就低了。因此版式编排设计，哪一行字，哪一句词依据重要性、次要性来选择力场高低、左右方位是很必要的。

八、视觉中心

当我们对平面的力场进行测试的时候，还应该了解对于平面具有重要意义的两个中心，即"视觉中心"和"几何中心"。如果不借助工具仅用双眼在一条水平线上目测它的中心点是并不困难的，如果用同样的要求，在一条垂直线上目测它的中心，做上记号，那么这个中心应是"视觉中心"；如再用尺去测定它的1/2中心点，绝对正确不误，刚好一半对一半，那么这绝对正确的中心称"几何中心"。

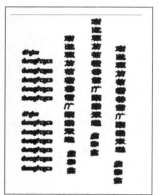

（c）横与竖、大与小

（d）扉页双页、线得到协调的分割

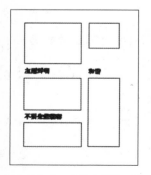

（e）纪念集，不同比例的正文

（f）

（g）

（h）

图6-16　对比类的版式

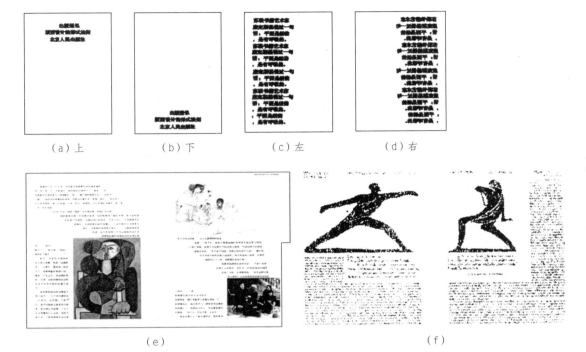

（a）上　　　　　（b）下　　　　　（c）左　　　　　（d）右

（e）　　　　　　　　　　　　　　　　　　　　　　　　　（f）

图 6-17　上下、左右力场方位

　　两个中心一比较，就会发觉视觉中心比几何中心略高了一点点，可是在常人看来，几何中心似乎是错的，因为它在视觉上感到低了一点，譬如在镜框里放画，放在正中方位，令人感到下垂感，只有顶部高一点，低部松一点，视觉上才舒服。所以略高一点的视觉中心方位才是舒展的，能够吻合美学上上紧下松的要求。

　　那么，为什么两个中心之间存在着差别？因为人类的感觉器官是依照自然规律和生存条件形成的。在这种情况下，自然界的地球的万有引力定律影响到人眼的视觉系统。譬如，人们在投掷物体或射击靶子时一定要比击中目标高一些，用抛物线扔手榴弹才能命中，这是人们千百万次的实践得到的经验，这种对于自然界现象的反映形成了思想上的条件反射，成为人的一种本能。

九、运动方向

　　零维空间称"点"。无数并列的点连接起来成一维空间，称"线"，线的运动方向可以归纳为水平、垂直、倾斜三种形式，不同方向的线表现出不同的属性。线具有点运动的起始位置和终止位置，在起始和终止之间是点运动的距离，因之线有长短之别。

　　由于点只说明一种方位，没有长度、宽度和深度的特征，因此说点是零维空间，而线是只有长度的一维空间，而面是具有长度、宽度的二维空间，体积是具有长度、宽度和深度的三维空间。线是点的移动轨迹，一切的线都以点为自身的基本因素，而运动是线的本质，线自然地为动态状态，如果说点是一个结构和组织的最基本的元素，那么线就在履行架构的职能，线起着连接、咬合、支撑、聚集、加固的作用。线可以交叉和开叉，而线仅有长度还不够，线必须存在一定的粗度才能引人注目。

　　关于线的形状，大体可分为具有明确方向性的直线与不具明确方向性的曲线两大类型。直线坚硬、明确；曲线则显得优雅、柔软，与直线相比较，曲线的速度富于变幻，动感更

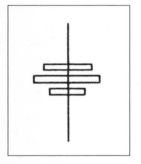

（a）水平线能够不用工具
只用眼睛测定中心

（b）几何中心

（c）视觉中心

（d）　　　　　　　　（e）

图6-18　几何中心与视觉中心

强，更富有活力。直线的情感，有男性气质，从外貌上看男性的骨骼、肌肉的特征是挺拔、坚硬；女性的体型则是柔软的曲线美，女性的性格显然比男性更柔和、细腻，富于情感并容易产生情绪上的多变性和含蓄性，因此女性的气质决定其为曲线的情感。

在版式设计中，由文字组成的行表现为线的形式，由字行聚合而成行组。它们的形态一般也表现出某种运动方向，水平和垂直给版式以安静和固定的感觉，它们与版式边缘方向平行，形成运动走向；相反，倾斜线具有动感，给人以由一端向另一端移动的感受。水平线、垂直线、倾斜线综合运用，能使版式产生强烈对比，带来生动活泼、静中见动、动中有静的视觉效果。

一组并列的线，线与线之间的距离渐次缩小，把视线引向深远处的消逝点，如一排树木或电线杆，说明一束简单的线条由大到小的透视画面会产生由近及远的印象，能将视线引向远方，不同线的排列表现出不同的形式，并与其他排列形式不一样。优美的形式，标新立异的形式组合，才会克服一般化，创造出新的版式艺术杰作。

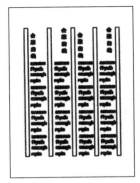

（a）报纸、强调垂直

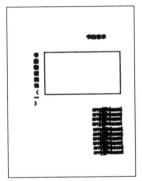

（b）杂志封面、垂直和水平

（c）杂志封面、垂直和倾斜

（d）杂志封面、垂直和倾斜

（e）杂志封面、垂直和倾斜

图6-19　垂直线、水平线、倾斜线

第四节

欧洲网格（GRID）编排法

期刊杂志一词英文MAGAZINE，原意为"知识的宝藏"，此词是从阿拉伯文"仓库"（MAKHAZIN）一词转借而来。1731年英国的艾德华·卡夫（EDWARD CAVE）出版《绅士》杂志，以图片为主，供当时人们作为休闲聊天，查阅研究的参考资料，后来被用来作为刊登论文、小说、故事、新闻等定期出版的期刊杂志了。

随着视听科技的发展，影视媒体在20世纪二三十年代相继出现，使人们得到新颖的视觉满足与享受。有人认为杂志期刊出版物已面临消亡边缘，促使欧美出版社策划研究自我完善的对策。1936年美国有声望的《生活》（LIFE）、《展望》（LOOK）大型画报类杂志开始革新，用大量摄影照片汇编成画报，充分满足读者精神上、知识信息上的需求，引起各国对画报图片视觉艺术表现及编排设计的研究。借此提高读者的兴趣，开拓期刊杂志的发行销路。

在画报编排中又巧又快的方法是网格法（GRID SYSTEM），这是版式编排的革新。虽然限制了形式的自由变化，而形式本应使版式增加新颖和美感，网格设计在我国还显得比较陌生，使用和了解它的人较少，但在一些书刊和报纸的版式上，早已不自觉地应用了。

网格的定义是安排均匀的水平线和垂直线的网状物，网格设计就是在书页上按照预先确定好的格子，分配文字和图片的一种版式设计方法。网格设计的渊源可以追溯到20世纪20年代的鲍浩斯（BAUHAUS）的构成主义和荷兰蒙德利安的风格派（DE STYLE）。自从1933年德国的纳粹党上台以后，他们以莫须有罪名封闭了鲍浩斯设计学校，瑞士的设计师们取而代之继承了鲍浩斯的设计思想，瑞士的设计学校成为构成主义的实验室。锲而不舍地把网格设计付之应用的是在瑞士巴塞尔美术设计学校的埃米尔·鲁德尔教授和他工作室的学生们，它不是简单地把文字和图片并列放置在一起，而是从版式结构中相互联系发展中的一种形式美规律，直至20世纪50年代才明显地成为定型的版式设计网格形式，而且很快在欧洲传播开来。

使用网格法的报刊编排越来越多，网格设计的特征是重视比例感、秩序感、连续感、清晰感、时代感、整体感，是以理性为基础的，与以感性为基础的自由式版式设计成为相悖的对照。网格法的一个主要优点是给版式设计者以规矩和限制，当他分析和分割版式空间时，帮助他获得一个紧密连贯、结构严谨的设计方案。当设计者把技巧、感觉和网格法三者融合在一起进行设计时，就会出现靓丽大方、面目一新的版式，在整体上给人一种清新感和连贯感，有一种与众不同的视觉结果。网格法的另一优势是给予版式设计人员省力与快速。当然也有人认为网格法太拘束、刻板，像设计师海伦（HELLAN）主张自由设计，不承认绝对的设计规范，然而他也不得不承认设计的秩序性（ORDER）。编排设计如果没有秩序、规范，就会五花八门，杂乱无章了。著名瑞士设计家约瑟夫·米勒·勃洛克曼（JOSEF MII LLER BROCKMAN）从1961年就开始推广网格法，他认为网格法有优越性，它使所有设计因素，如图片、插画、文字之间能相互谐调，既统一又变化。网格法过程就是将秩序化引入版式编排中去，是一种快捷方法。另一位马西莫·维涅到（MASSIMO VIGNE LLI）是位老设计师，他用网

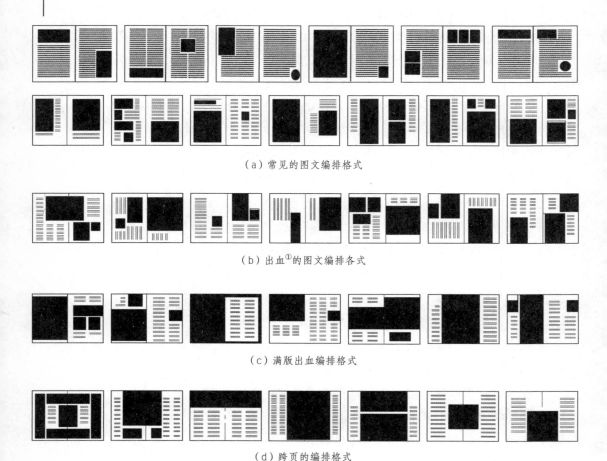

（a）常见的图文编排格式

（b）出血[1]的图文编排各式

（c）满版出血编排格式

（d）跨页的编排格式

图 6-20　文中插图的样式

格法，使图片、文字井井有条，非常富有秩序感、时代感，很适合当今电子化印刷工艺和现代审美趣味。目前我国印刷工艺已迈向计算机程序控制，故网格法编排模式也便于推广，现介绍以下两种。

───────────

[1]　出血：为印刷术语，指图片一端与切口相合。

一、十二等分网格法

此网格法由威尔·霍布京斯所创立，即在版式或版心中竖向分为八等份，每页横向分为十二等份，每一等份之间留空隙少许，然后按图片大小、多寡顺着等分线分割。一页版式可放1张、2张、4张等各种大小形体的图片。

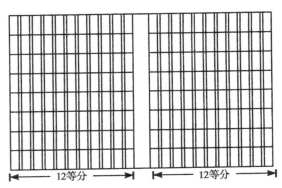

图 6-21　12 等分网格法

二、五十九等分网格法

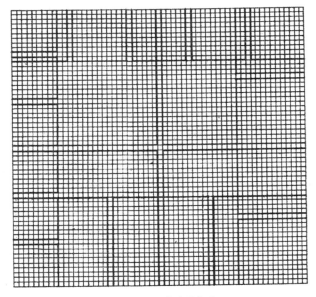

图 6-22　59 等分网格法

　　此网格法由卡尔·戛斯脱耐尔（KARL·GERSTNER）创立，这种方法在正方形版式中能按需要分割，组成1幅、2幅、4幅、9幅、16幅、25幅、36幅画面或文字画面组合，用此网格法分割编排又快又有秩序。

　　总之，现代版式设计中构图，不论用网格法或自由编排法，都应考虑时代感。过去希腊时期毕达哥拉斯（PYTHAGORAS）曾认为："美的线形和一切其他美的形象都必须对称（SYMMETRY）。"的确，以往画报期刊对称式、平衡式编排模式较多，像15世纪文艺复兴时期的艺术风格。尤其是平衡式，它不是对称平衡式像天秤一样，而是像杂技团里走钢丝拿着伞掌握重心的均衡，走钢丝的演员如果持续绝对对称的平衡，那么观众不必去剧院看杂技，而是像去看马路上的行人走路一样无味了。只有经受危险的、威胁的均衡和紧张的动作来掌握平衡的表演，才能激发观众悬念的兴趣。对版式编排设计也要求艺术形式上视觉的均衡，设计家保尔·仑特（PAUL RAND）在《设计思维》一书中说："严格的对称给予观众过分简单，它不可能或几乎没有为观众读者提供精神乐趣，而非对称的设计作品中产生的乐趣在于征服读者头脑里的抑制、疑惑和矛盾，从而达到美的享受。"

　　画报版式如同刊物的窗户，丰富的窗外信息从窗口望去生动多彩而惹人喜爱，形式（窗口）可能比内容次要些，但形式必定能吸引读者，取悦读者。据调查证明：受版式形式影响而经常翻阅画报的占35％。一位哲人说"喜欢变化是人的本性，趣味性则是好奇的延伸"，变化又趣味的版式设计会产生持久的刺激视觉活动。

　　图片版式能补充文字传播的不足，使识字不多的读者感到兴趣，在不知不觉潜移默化中知晓内容接受教育，在图片美感的冲击中愉快地开卷，获得读书的乐趣。我国儒人黄庭坚说得好："人不读书，则尘俗生其间，照镜则面目可憎，对人则语言无味。"可见，不论看文章阅画报，总能开卷有益增添知识充实自身，那么闲暇时与人聊侃也不至于语言无味了。

|思考题|

1. 蛇腹划分法是从哪个时期、哪种书上获得启示的？

2. 黄金比例是在哪个时期问世？黄金矩形长与宽比例是多少？

|作 业|

1. 画一幅九等分、十二等分展开页版式的蛇腹划分法制图。

2. 分别作一个对称形式版式、均衡形式版式和对比形式版式。

第七章　　非纸质书与藏书票的设计

第一节

非 纸质书

现代科学技术是人类文明进步的基本推动力，20世纪的历史表明，高新科技已超乎人们的想象，不断进展。然而历史有惊人的相似之处，上古时期及中世纪人类以石头、泥版、蜡版、竹简、缣帛、贝叶等制作的非纸质书，经过几千年后，又呈现在人们的面前。所不同的是书的材质、形式已远非史前时代的品种了，它有了崭新的质的变化。有了电子科技的渗入，书也改变了面貌。那就是唱片、录音带、录像带、磁带、CD、VCD、光碟、TV、电子计算机、网络……

据报载，我国每年单是音像制品一项销售额就为200亿元，其需求量、覆盖面相当大。

对非纸质书也有封面、封套、装饰的问题，装帧工作者也必须参与进去。

一、唱片

图7-1　唱片套封面《望江亭》
邱承德设计

这是一种利用机械录音方法记录声音的塑料制片，放在留声机、电唱机上旋转时，沿着播放滑动的唱针尖端发出振动，通过唱针还原为声音，这是种能发音的书，适合于英文等语言类书。中国唱片社曾出版给外国人学汉语的书（LEARN TO SPEAK CHINESE）唱片。唱片封套尺寸一般为30.5cm×30.5cm，呈正方形，在正封上可以充分用文字、图形、色彩来装饰，也可采用摄影图片表现。

图7-2 录音带封套《超级舞会》

二、录音带

它是一种磁性胶带，20世纪60年代在各国风行，是一种传播音乐、语言很出色的音像制品，也是非纸质书。它的形体比唱片要小得多，呈长方形，尺寸为6.4cm（宽）×10.2cm（高）×1.5cm（厚）。另类音带封面设计，为了介绍内存内容、歌词，往往加大宽、长度，有19cm长，个别可加宽到39cm，如《铁达尼（TITANIC）舞曲》，录音带正封、反封都可采用摄影图片，装饰纹样，也是一种特殊形式的书。

三、录像带

图7-3 《地下（Underground）》
美国版录像带封套

它与录音带原理类似，材料类似，不仅能发音，而且能显示影像，可与声音同步，音形俱全，更直观动听，是声像音像制品中的佼佼者，也属非纸质书，深受广大视听发烧友喜爱。

其封套材质多种多样，有书函式、书套式、塑料盒压膜式包装，封套单面尺寸为10.6cm（宽）×1.9cm（长）×2.6cm（厚），也可前后封连环设计，则宽度加长为21.2cm。图形装饰更加丰富多彩，而且能设计出很好画面效果，其长表款式与纸质书长32开书封设计的经营位置大同小异。

图 7-4　唱片套封面《祥林嫂》
邱承德设计

四、CD、VCD、DVD

　　光碟是电子类新型声像制品，以轻薄光亮金属片为材质，也属非纸质书，最轻巧新颖视听媒体，成本低廉，音色、画面质量上乘，深受广大群众喜爱。质量差的盗版品常产生小方色块的马赛克，像小石片镶嵌画一样。它包装的款式多种多样，分豪华版盒式包装、普及版纸封包装。尺寸一般12.5cm×12.5cm，多盘装有12.5cm×14cm×1cm如《铁达尼号（TITANIC）》影碟。VCD光碟直径为12cm，封套封盒可正反面一并设计，近来市场上出现高清晰度效果的DVD光碟，其封套包装设计也很接近。

　　总之，以上所述的非纸质书，随着电子产品的不断发展，日新月异。当今互联网已风起云涌，上网已飞入寻常百姓家，网页设计也成为新的版面编排设计。书的形状变幻莫测，作为书籍装帧工作者应与时俱进。

　　过去单是音乐出版社出版光碟，现在全国不少出版社已开始既出版图书，又出版光盘。像王朔的小说《看上去很美》一书，随书又附带光盘。这也许是出版事业上的一个革新。

五、电子书

　　2010年《中国新媒体发展报告》透露：中国互联网网民超过4.5亿，约占世界网民1/4，手机用户达9亿，约占全球1/5。中国已成为名副其实的全球新媒体用户的第一大国。

　　阅报读书从纸张转为屏幕，阅读无纸化，与非纸质书的历史有着惊人相似之处，往昔原始的石头书，泥版书，缣帛书，竹简书等一切非纸质书，随着时代和高科技的进展到当代21世纪阅读方式再次革命，非纸质化的电子纸，电子书应时而生，蒸蒸日上。据统计：18岁至34岁的阅读人群已从手翻书页转移到荧光屏上，通过互联网，手机iPhone，iPad，MP4，电子阅

读器能浏览新闻，阅读文学作品。上海海事大学金融英语教师
梁先生在微博上要求每个学生购买一台iPad，所有讲义，资料，
试卷只提供iPad兼容格式，他认为"iPad代表最先进思维，我
的学生必须如此……"。梁先生这番话是否吻合当下实际？将课
堂放进微博是否合适？仁者见仁，智者见智，姑且不论，然而
反映iPad在数字时代作为电子书开始启用，已见端倪了。从手
机上看小说已成为80后，90后，00后青年人的时尚。在日本，
迄今已有成千上万个手机小说运营网站，手机读者200多万，
出版商为手机用户提供多达几十类文学作品，小说内容从言情
到侦探，从历史到现实，题材应有尽有。一般讲这类手机文学
爱好者每天阅读字数为1000～2000字。在中国"起点中文网
站"上22岁青年作家王虎用"天蚕土豆"笔名写作的《斗破苍
穹》的网络小说约525万字，读者点击次数已达1.27亿次；另
外"天下霸唱"写作的《鬼吹灯》网络小说和"男派三叔"写
的《盗墓笔记》网络小说则更胜一筹，电子书像初生的太阳磅
礴而出，彩霞满天，其阅读的经济效益是不可估量的。

采用电子书，电子阅读器是阅读革命的本质特点，这种变
革分流了一部分纸质媒体的读者群，邻国日本从1997年至2003
年这六年中，报纸、图书、期刊的销售总量因电子读物的兴起
而一直未增加纸质媒体的销售量，可见电子读物已抢占了一部
分市场。由于网络书店的兴起，位于北京大学南门外的"风入
松书店"逐渐陷入困境，拖欠各出版社30多万元书款，被迫停
业。此书店过去经营不错，是北京民营图书零售企业代表之一，
但网络书店出现后，竞争激烈，经营状况已失优势，可见数字
时代到来，网络书店、网络下载、电子阅读势不可当。

近年，我国召开的"数字出版博览会"上，可以看到通过
电子阅读时尚期刊《瑞丽》，荧幕上身着新潮服饰的时装模特儿
动感十足，趣味益然，由2D变3D立体，不仅视觉上图形和文
字叠加穿越，而且听觉上伴随着流行的背景音乐，读者只需点

击鼠标按钮就可以与书中的内容互动，使电子阅读增强趣味性、娱乐性，视听觉水乳交融。要把各种平面化期刊经过电子处理成立体化画面感的多媒体期刊，只需通过一个Xplusd阅读软件就可以达到。在阅读走向电子化时代、网络时代，阅读在很大程度上已由"读"转化为"看"，看视频中流动的彩色影像，看迅捷、跃动、横竖交汇的网格，看到的一切都是彩色的，变幻的影像和字体，而且可以随心所欲点击更换。

1700多年前，在我国世世代代阅读始终没有脱离纸书的本质，到了21世纪，随着高科技的空前发展，却大有颠覆传统阅读习惯之趋势，现在纸媒体书报已有电子版和手机版，像《北京晚报》有了手机报，其形式已咄咄逼人。上海解放日报报业集团也出版《手机短信报》，内容包括天气预报，民生新闻，生活指数，每天早晚发送信息，每月只需1元服务费，老百姓称它为"生活小帮手"。截至2010年12月，我国手机网民已有3亿多，比2009年增加6930万。目前，新华书店已孪生出"新华e店"，专门让数字阅读从云端来到人群间，来到读者身边。"新华e店"将成为中国正版数字内容发行平台，也即将发行"电子书"。阅读革命的又一次浪潮已经来临。荷兰飞利浦（PHILIPS）公司最近发明一款"电子阅读器"单薄轻巧，在折射性液晶的基础上制成的文字清晰、可用自然光阅读，耗电量小，尚可轻轻弯曲，平时可藏在手机内，要阅读时拉它出来即可，而且数字媒体容量大，便于检索。电子阅读器的出现，使读者不必每天去报摊，书店买报购书，可以随时随地拿出电子书阅读，也可以将新颖的、重要的内容储存起来随时调看，还可以和互联网融合，就像电脑上网一样通过网络下载信息，进行查询。有了这种电子阅读器，信息获悉将处于时空一体化的全天候状态，轻松、快捷、方便。

电子书拥护者认为：电子书、电子报的利润前景吸引了IT产业大公司，各种电子阅读器相继问世，比尔·盖茨在美国媒体协会年会上曾说："今后读者可通过各种电子类设备得到视频信息和各种网上账单收支互动服务。"美国SOFT图书公司总裁沙姆·萨克斯认为：2020年以后电子书将无所不在风靡全球，占90%～95%。我国IT业专家预测：在未来数年我国拥有电子阅读器的读者将达到3亿，如果以每台500元人民币价格计算，那么将拥有1500亿元工业产值，由此还带动衍生出版软件，通信等企业的产值，其总产值不低于3000亿元。另外，电子书在控制成本上的能力是显著的，对电子市场进行过深入调研的专家认为：传统出版集团约有40%的成本用在纸张，印刷和发行上，而对电子书来说，这三方面成本就不存在，出版电子书就大大降低出版发行新书的风险，国外电子出版商已意识到电子书出版物存在巨大的利润挖掘空间，如"美国书屋""圣·马丁出版社""麦克米化出版社"，《时代（TIME）周刊》《财富》《华尔街》杂志等纷纷与SOFT图书公司和NUVO新媒体公司加强合作，共同研究出版电子书、电子报刊业务。

电子书、电子报可以借助于网络平台，具备信息服务功能，读者可以建立宅内自己的图书阅览室，通过全天候公共图书馆，随时可以借阅电子书刊，"千里眼、顺风耳"的神话现如今实现了。据我国媒体报道：数字图书门户番薯网与北京华夏力通传媒科技公司合作联手开通漫画频道，首发韩国漫画家元秀莲的创作《浪漫满屋》电子书，番薯网上已上线了200多本中外漫画电子书，为读者提供多终端跨平台的阅读服务，实现了PC端、YAM-Book阅读器、手机、平板电脑等多终端阅读电子书，为成年人或青少年读者带来视听一体的享受及图文并茂的漫画类电子书的快乐。2011年8月第14届艺术博览会上可以用移动网络，媒体人可运用随身携带的iPad、iPhone终端来阅读展厅内作品信息。

每个人随身携带的手机也可以兼容电子阅读器功能成为电子书载体，日本有很多作家，原本在文学界沉溺，碌碌无为，通过在手机上发表连载长篇小说而得以名扬四海，并跻身著名作家之列。譬如2000年以小说《深沉爱》而一举成名的YOSHI，原本只是在个人创业的手机收费网站上发表作品，不料吸引了29万点击阅读人次，他的小说又被改编成电影与漫画。

总之，科学的发展一日千里、日新月异，会给阅读者带来不可思议的巨大变化，如何面对未来波澜壮阔的变革？如何面对那无止境兴起的信息技术和人工智能、互联网、电子书、数码阅读器等带来的阅读享受？这些技术可绝不是"浮云"，相反很好地运用它们，驾驭它们，便能使每位读者像"神马似地驰骋在天际，遨游于云端"。

视屏上的网络小说书封目录与出版社的纸质书装帧封面在设计思维、设计套路、设计技巧上是异曲同工、大同小异、相互借鉴的，在图形、色彩、字体设计元素方面也非常近似，所以读者们、学生们如果你读懂书籍装帧设计，那么也一定会理解网络文学的封面目录设计的，现在介绍几本网络小说的封面目录给大家评议、欣赏。

第一部是《兽心沸腾》网络小说，由署名"惊艳之谈"出品该小说的封面目录在深重暗黑色的底子上覆盖披肩发白皙美女的脸颊。秀发与黑底色融汇一体，不分你我。乌黑的明眸与绛红的嘴唇显得那美女目光炯炯，注视着前方，非凡惊悚、紧张，似乎心脏快要跳出来似的，这样表现切中了《兽心沸腾》的小说内涵，再加上头顶上细细颤动的小青蛇口吐红舌，更凸显了惊悚气氛，不由人回忆起《尼罗河惨案》电影中出现蛇的一幕，也极其惊悚与疑虑。此封面目录图形简洁，黑白反差对比强烈，使人一看到就理解有侦察、恐怖、惊险之感染，在构思设计、经营位置布局、淡化设色上是较为优质的设计，小说标题"心沸"两字采用白色也恰到好处，可谓"不着一点尽得风流"了。

第二部是《村奴》网络小说，也由署名"惊艳之谈"出

图7-5 《兽心沸腾》封面

品，如果认为第一部《兽心沸腾》是写实表现方法，那么这一部《村奴》乃装饰表现方法，设计者将清末民初纤弱美女加以变形，归纳程式化处理，你看！那美女丰满圆淳的脑门，柳叶似的眼眉，樱桃般的小嘴，修长的粉颊，纤纤的手指，穿着领、臂、袖口条纹装饰的高领红襟衫，唯美得太极致了，封面底色也是深色的，衬托了《村奴》白色书法体字，在经营位置构图布局上设计者独具匠心。思考到"奴"的含义，将美女脸面朝向空间狭窄的左侧，而相反后脑瓜一侧留的空间大多了。在形式上使村奴人物处在压抑的"奴"的地位，令观画者心理感到压抑不畅，这也许就是设计者表现"奴"的意图。齐白石大师画过一幅《蛙声十里出山泉》的图画，也非常含蓄地隐晦表达，画面上没有青蛙，只有十几条蝌蚪蜿蜒地游在泉水中，让读者自己去咀嚼想象，慢慢领悟这帧《村奴》的封面目录也有一点隐晦，含蓄，它让观者慢慢去领会四面楚歌压抑中的村奴。然白玉有瑕，其短板是"村奴"二字太大一点，若略小一点也许艺术性更浓了。

图 7-6 《村奴》封面

　　偶读2012年3月3日《北京晚报》，传媒作家杨葵同志对封面设计有点微词。不妨引起平面设计、网络小说封面目录设计人的关注，该作家认为"时下大多的书封面鄙陋粗俗，版式潦草糊弄。再好的内容也经不住这么糟蹋啊，何况我写的没那么好（指《东榔头》《西棒槌》）更要借助这些细节的得体、美观来弥补，一直觉得书是个六面体的艺术品，里边太多细节需要精心侍弄，做出版工作的，这就该对书有敬意，颠顸不得。"我浏览了一下荧屏里的网络小说封目，也有杨葵同志指出的倾向，让我们同励共勉、百尺竿头更上一层，借用农业科学家袁隆平先生对水稻亩产千斤的豪语说："要矮子爬楼梯，一步一步走。"

藏书票

　　藏书票是一张4～5cm宽、7～8cm长的矩形小纸片，上面一般印有通用的标识，一行拉丁文EX LIBRIS，意为某人所藏之书。过去，中国的读书人买到一本新书，常在书上签名题字，盖上印章；而西方人则喜欢在书扉页上粘贴上藏书票，目的都是标明书籍的归属。藏书票票面上除装饰图形外，大都刻有藏书者的姓名，也有刻上藏书人的爱书箴言、诗句等。

　　据历史记载：现存世界上最早的藏书票有两枚，一枚是《刺猬》，另一枚是《天使》，均为15世纪德国的作品。欧洲各国中德国人是世界上最早使用藏书票的，已有500多年历史，对我国来说，藏书票是外来品，它在19世纪下半叶随着到中国来的传教士、商人、学者带来的书籍而流入我国。我国最早的藏书票也是为外国人而镌刻的，现在能见到的也有两枚，一

图7-7　捷克（鲁弥尔·浪达赛克藏书票）

枚在1922年以前制作，藏书票主人是广州天主教外籍传教士，票面仅有方寸邮票大小，装饰图形文字是JHS，是拉丁文JESUS HUMINUM SALVALOR的字头缩写，意为"耶稣，人类的救世主"；另一枚在1922年之后制作，藏书票主人是当时在华的美国汉学家H. F. MACNAIR，画面是他曾工作过的圣约翰大学的钟楼建筑，并刻有"开卷有益"四个字，盖上篆字印章与他的英文名字。中国人最先亲自制作、使用、收藏藏书票的首推20世纪30年代文人叶灵凤，他制作的《凤凰》藏书票颇有特色，上面画上飞凤图形，下面刻上"灵凤藏书"，四周用花卉纹样做装饰，古朴、典雅、构思巧妙。

已故中央美术学院版画系主任李桦教授也刻过藏书票；版画家梁栋、书籍装帧家张守义也亲自制作藏书票；文学作家施蛰存、孙大雨各有自己的藏书票。1985年初在香港举行过"香港首届藏书票展"，内地有93位艺术家、装帧家制作的300多枚藏书票参展，港地有21位艺术家和32位艺术学子创作200多枚藏书票参展，阵容相当壮观。到1990年，香港10多位版画艺术家参加"中国藏书票研究会"，其中还有诗人、学者、佛教人士、中小学美术老师，如梅创基、张义、水和田、朱启文、李华川、释慧荣法师。香港三联书店也举办"小小版画藏书票展"，水禾田先生曾编著《藏书票》画册，丰富了港地受众的文化生活。当前在国际上有意大利、德国、日本

（a）　　　　　　　（b）

（c）　　　　　　　（d）

（e）　　　　　　　（f）

（g）　　　　　　　（h）

图7-8　外国藏书票（EX LIBRIS）

都轮番举办《国际藏书票展览会》，国外不少期刊杂志和电视传媒均介绍藏书票艺术，如《花花公子》(PLAY BOY)、《黄金时代》，亚洲电视台的"活色生香"栏目。

有人认为藏书票为"小众文化"，意思是还不太普及、鲜为人知，认为是有闲阶层的玩意儿，但随着经济快速发展，建立小康社会，观念已更迭，藏书票即将成为新兴文化人的"宠物"。有的藏书很多的文人，自己不会绘图，就专门请木刻家代为制作小型藏书票，这在中外都有代劳的画家。

藏书票和邮票一样可以相互交换、收集，成为方寸艺术品，70多年前商务印书馆出版的《文学研究会丛书》的版权票，就在刻有两位希腊文艺女神的图像之间特地留下正方形空框，好让读者、藏书家盖上自己的印章，将版权票兼作藏书票，以解决不会木刻制作的藏书家和读者的难处，其用心可谓良苦矣。

近年来，爱好、制作藏书票的人越来越多，将绝迹几十年的藏书票艺术又恢复过来，在北京等大城市一批装帧工作者和木刻家已组织起"藏书票作家协会"，并不定时地举行藏书票展览会。1996年在上海举办全国第六届藏书票大展，2000年第九届全国人民代表大会第三次会议在北京召开之际，北京市新华书店邀请部分美术家知名人士制作了纪念性藏书票一套十枚，在各新华书店公开发行。这也许会给藏书票艺术领域带来新的光彩，藏书票将会受到更多人的青睐与喜爱。

|思考题|

1. 请写出自古至今10种非纸质书。

2. 藏书票有何功能？请简述之。

|作 业|

1. 请设计一张8cm×4cm尺寸的藏书票，必须含有EX LIBRIS的字样。

2. 请设计一幅音乐VCD封套，题目为《春江花月夜》。

第八章 书籍的宣传

第一节

读者视觉心理与装帧设计

一、从内容和形式引导受众选择

古人说:"胸无点墨花失色,腹有诗书气自华。"又说:"书中自有黄金屋,书中自有颜如玉,书中自有千钟粟。"关于书的价值,远古的先哲早发出再通俗不过的诠释,每个城镇的大街小巷布满了集千万金、玉、粟于一体的大小书店和图书馆,等待求知者去选择,借以丰富自我的学识和素养。

按常理,一般读者、受众会考虑是否能充实自我的未知世界,是否能开拓、启示新颖的思维来选择书籍。如一位学生要学电脑软件PHOTOSHOP,那么他一定要去科技书店选购技术操作方面的教材,越详尽越好,有直观图例更佳;另一位学生想研究中国古代历史进程或历史人物,那么他一定会去选择《史记》《唐史》《宋史》《明史》《清史》等历史书籍。近期,易中天教授的"品三国"在中央电视台百家讲坛上的热播吸引成千上万中青年人去选购《三国演义》《三国志》,掀起一阵"三国"的热潮。同样,于丹女士的《论语》心得,也吸引千万读者在图书城销售地排起了长龙,从受众的心态可窥测出,有一种对未知幽暗空间求知若渴的心理欲望和使自我不落伍于众人的"从众"心理,既然人人都在争先恐后地排队购买阅读,培根的名言"知识即力量",有上进心的人只要经济上尚许可,就会主动自悟地去求知,汲取精神营养。著名心理学家艾利斯说:

图8-1 "世界图书"招贴
鞠洪深 徐芳设计

"人类天生就有一种异常强烈的倾向，要求坚持他们生活中一切都完美，一旦他们未能得到想求索的东西，就会狠狠地谴责自己。"人们的专业知识与文化素养如巨大榕树，用入土的"根须"吸收"专业"的养料，还要从空气中获取专业外广泛的文化知识，从而丰富自我的素质、品质。这样日后才能攀登学术上的巅峰。

图 8-2 《雾中鼓声》 王怀声设计

读者受众欲通过学习获取新知识，完善自我的迫切性。因之出版机构的策划人、编著人、装帧人、发行人等灵魂工程师应在调查研究读者受众需求以及社会道德、教化导向的前提下从书的内容上、体裁上、对象上、层次上、价格上予以定夺。作为装帧设计者也应在封面设计上臻美，能揭示书的内涵之精髓，提高受众阅读之兴趣与享受。早年中国装帧界老前辈钱君匋先生为巴金先生的书《新生》设计封面，钱老采用象征、隐喻的手法来体现封面的意境。封面上一棵小草从石缝中强行抽枝发芽，碧绿的萌芽寓"新生"的内涵，道是无关却有关，调动了受众想象力，使画外余音袅袅、构思处理极妙。钱君匋为茅盾先生著作《雪人》所设计封面，着眼在"雪"字上，而不在"人"字上，用雪花六角形图案来反映内涵，既体现书的内容、体裁又装饰美化了封面，相得益彰。书市上也有小部分教材书封面设计不能体现书的内涵，《算术》书设计得很抽象，仅几根线条，几个色块，令人费解。

图 8-3 《星花》杂志 钱君匋设计

自从有了多媒体电脑辅助设计后，快捷方便的设计方式，使装帧工作者得心应手，节约了时间又减轻了劳动强度，事半功倍，设计出了不少用手绘难以达到的极佳封面。事物一分为二，同时也产生了另一种设计偏颇，各出版社的装帧设计人大量运用现成照片扫描，大量运用字库内字体组成书名，加上一次多色印刷机的使用，导致色彩五花八门，喧嚣冗杂，缺乏美感。各出版社缺乏个性化设计，与当今时代多元化很不相称，有点复古到繁文缛节宫廷艺术风格的欣赏水准上，误导受众的审美情趣。装帧面料，封面色彩设计也不是非叠床架屋，花里胡哨才是佳作，关键要体现书本之内涵、之精髓、著作者的人格品位等。再引用钱君匋先生的一段话："我设计书籍装帧，色彩总是从和谐淳朴上考虑，或者反其道而采用现代式强烈对比手法，要注意民族特色，但不主张复古，强调时代气息，体现中国今天特有的乡土风味，用单纯明快的笔调来描写自己要描写的东西。"

书籍装帧设计也应依据书的体裁、对象、文化、雅俗差异等在设计上有所区别。给农村少年儿童阅读的书，设计时要考虑通俗、童心和具象性。如《严文井童话》一书封面设计家张卫先生，他处理画面上就是一只鲜红的、民间剪纸式引吭高歌的大雄鸡，形简意赅，红蓝两色对比强烈，醒目易懂，适合以形象记忆为主的儿童的视觉识别。五个书名标题字用黑白间隔排列，虽是端端正正黑体字，但统一中求变化，显得活泼俏皮，颇有审美趣味。试想，如果把公鸡画得色彩斑斓，浑身鸡毛，反而不适合儿童直观形象思维的视觉需求，也显得冗杂烦琐，不简洁单纯了。从"成人的符号识别儿童以形象记忆"的心理现象考虑，设计者在设计少儿书籍时应有点"童心"才好。

有的书是供白领阶层、儒雅人士阅读的，在反映书的内涵上，装帧设计要以一当十，画龙点睛，甚至可以用象征比拟手法，含蓄曲折点出内容焦点，介乎"似与不似之间"，这就要衡量设计者的艺术素质、修养水准了。为高智商文化人设计书切忌赤裸、直白的主题内容，丁是丁、卯是卯，直来直去，一览无余，使受众食之无味。譬如古代宫廷画院命题考书画状元画，考官所出画题为"踏花归去马蹄香，野渡无人舟自横"，90%以上考生都画一只骏马在草地上迅跑，画一只小船在河滩边漂荡，这样表现扣了题没有错，但却不是上乘佳作，大伙儿都从一个角度去想去思，太平庸太程式化，无回味无意韵。然其中有一考生别出心裁，心思独特，他也画骏马飞驰，然在马蹄周围画了一对蝴蝶翩翩起舞，点出了马蹄香的"香"字；在河岸船桅杆上画了一只小麻雀，点出了野渡无人的"无"字，含蓄意会地将诗境表达尽致。再如，中央工艺美术学院有一年招生入学考试，试题是：以北京北海公园的"北海"为主题画一幅装饰画，考试结束评分时把所有试卷挂在教室墙上，约99%的考生都画公园山上的白塔和北海上的游船，千篇一律，"趋同化"现象，难分伯仲。其中唯有一位考生满纸只画北海和海上三四条游船，没有画山顶"实"的白塔；但定睛仔细一看，在北海流动的水面上，有个隐隐约约破碎的白塔倒影，评分老师都认为这位考生思考得更胜一筹，独树一帜，含蓄隐讳地点出了白塔的存在，也扣住了主题。这也许就是艺术设计的灵感所在了，令人想起中国古代文学中汉乐府《陌上桑》诗云："行者见罗敷，下担捋髭须，少年见罗敷，脱帽著帩头，耕者忘其犁，锄者忘其锄，来归相怨怒，但坐观罗敷。"这首《陌上桑》诗词的佚名作者没有直接描写罗敷柳叶眉、樱桃嘴、丰乳肥臀、柳肢细腰的生理外形，而从侧面通过老年、青年、农耕者见了罗敷忘了劳动，睁眼欣赏坐而论道的情景，更显艺术手法的高超隽永，这是文学艺术描写技巧的魅力所在，也包括装帧艺术设计与一切平面设计的构思手法。

二、读者的审美心理与格式塔

读者受众除了从内容上着眼，选购心爱的书外，实质上书的"形式美"也会刺激受众的眼球，往往占50%以上。所谓"爱美之心，人皆有之"，一本装帧设计非常完美、动人的书籍会吸引读者爱不释手，商界流行一句话"货卖一张皮"，商品包装是促销商品的重要环节，书籍虽属于精神生活领域，但也有商品的物质属性，因此封面外形，开本款式，编排格式，插图精湛、字体俊美的书籍，才称得上"能嫁得出去的新嫁娘"。

然而打扮装饰有高低之别，这就牵涉到审美心理问题、视知觉心理问题。19世纪末在德国、奥地利兴起的一门边缘科学，到20世纪影响了世界心理学界，还渗透到人文科学、现代艺术和现代设计中，那就是"格式塔心理学"（Gestalt）。译成汉语应是"完形""心物同形"，也就是说，客观事物的形式与人的主观视知觉感受通过无形的"力场"沟通，由视觉神经系统传递到大脑皮层，使主客观两个"力场"心物同形、直接感知。

格式塔"完形"^①的定义范围非常广博，与设计艺术密切相关。

在封面设计上运用格式塔"心物同形""完形意象"也可从图形、字体、色彩同构来理解，它们三者相辅相成，互为依托，同时它们都以独立的"完形"存在，又有着不同的组织水平和感受。图、字、色三者作为活生生的"形"，通过心理联想的活动停留在封面上，反映出设计者要表现的形式，发挥三者各自的魅力而又紧密相连地存在。设计者在分别设计安排这三者时，不能草率随意，否则会"一粒耗子屎，破坏一锅粥"，使整体缺乏协调。各自独立不相依为命，破坏"完形同构"，封面装饰就缺乏美感了。格式塔的"完形""心物同形"视觉心理现象，同受众审美感受是一致的，装帧设计艺术是门视觉艺术，通过形、色二维空间的排列塑造形象。受众面对一幅艺术作品或一本很美丽的书，在视觉上会被艺术形式的美而激动，唤起视觉印象，引起审美行为，并开始欣赏功能或产生占有欲望的乐趣。欣赏，一般是由表及里，先睹外部形式结构，再进一步涉及意蕴情感，如欣赏外文出版社张灵芝先生设计的英文版《水浒传》护封，封面图形是明朝陈老莲画的水浒叶子上梁山好汉，色调采用暖灰色，加上黑字和小红色块，《水浒传》英文 OUT-LAWS OF THE MARSH 采用古典罗马体，三位一体各得

---

① 格式塔"完形"可大致分为三种：A.简单规则格式塔；B.复杂而不统一的格式塔；C.复杂而统一的格式塔。

其所，"完形同构"相濡以沫，非常柔美，成为20世纪80年代优秀装帧奖的获奖作品。

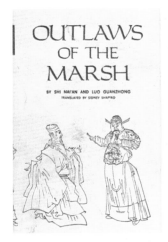

图8-4　《水浒传》英文版 张灵芝设计　外文出版社

三、感觉印象与视觉感受力

感觉印象的表层为视觉感受，是审美活动的过程，譬如，封面的线条块面、面料的肌理、开本的款式、设计的风格等，使受众有了初步的感觉印象，即第一印象。当然，感觉印象好坏和受众欣赏的视觉感受力敏锐程度有关，视觉感受力主要是指对形的感受，人云"儿童靠形象区分、成人靠标志识别"，对形的敏感程度对装帧设计者与读者受众欣赏美都很重要。

人们往往忽视形而重视色，所以现代雕塑大师亨利·摩尔（HENLI MOOR）曾说："我们大都只注意色盲，实际上'形盲'比'色盲'要多得多。"根据科学家调研：人的视觉心理活动，可分为"前向型"和"后随型"。前者观察事物的视觉感受方式是瞬间抓住形象的"形式倾向"，（一）如看到一位陌生人，立刻会"抓住"他的脸形，瓜子脸或长方脸；（二）"抓住"视觉形象的动势倾向，稳定的等边三角形；动态的不等比三角形；静态的水平线；起伏的波浪纹；挺拔的垂直线；交叉的斜线等。

图 8-5 《中国急腹症治疗学》
王众设计

后者视觉感受方式，先从上下左右看物体轮廓一遍后，再拼合组成整体，因此其感受过程较慢，形的视觉印象欠佳，接受力也弱。如以装帧设计《中国急腹症治疗学》一书，封面上腹部断裂的人体曲线，中间绳结与书名"急腹症"同方向倾斜，构成的"形"非常美，且有感染力，能引起受众的视觉的共鸣。这帧封面设计作品在第五届全国装帧艺术展中获金奖。从此佳作中可以窥见设计者王众先生绝妙的创意和艺术功底。如果设计者没有对书籍内容较深入了解，是很难把内容转化为如此生动的比喻的，用独特的艺术手法打动人心，给受众以美的享受，令人看后过目不忘。

四、审美主体与客体相融合

在审美欣赏中，视觉心理不但要与审美感受相结合，还要与想象、与联想结合起来，受众阅读书的封面、插图、版面，就是审美欣赏的感受行为。审美欣赏中，审美感受除了"完形"感受与理解内涵精髓外，还要求受众自我调动想象力、欣赏力，注入情感来"再创造"，从而进入艺术境界之中，使审美主体（受众）的心境和审美客体（书籍）的艺术意象相融合、互动。这是欣赏装帧艺术设计进入审美巅峰的标志。这就要调动受众欣赏的想象力、错觉、幻觉。"一千个读者中有一千个哈姆雷特"，哈姆雷特是莎士比亚著作《哈姆雷特》中的主人公，阅读过此书的人成千上万，每一个人有他想象中的哈姆雷特，因为他们会结合自己生活经历中的人物来想象，再创造自己意念中的哈姆雷特。

成功的装帧艺术设计除了诠释内容、完美形与色外，有的封面设计的画面会令人浮想联翩，甚至想入非非，如德国平面设计家莫梯斯设计的戏剧文学《豪宅总管家》的平面广告。设计家在画面上只画一只肥硕的大香蕉，中间被细绳勒紧变了形。众所周知，管家要看着主人的脸色行事，受约束不自由，是戴

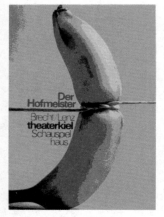

图 8-6 《豪宅总管家》
莫梯斯设计［德］

着铁镣跳舞的人。设计的潜台词是管家唯命是从、身心扭曲。这里香蕉象征一个豪宅管家，受众可自我调动想象力，去感受去联想，浮想成这个扭曲的管家可能不是女管家，可能管家有苦难言，可能身心疲惫，可能……

看了此艺术设计通过视觉形象达到审美趣味，设计师设计了画面，受众通过视觉可以在理念上再创作，获得审美乐趣与快感。艺术设计作品中的形象只有特定的一个，而众多受众想象力不同，成千差万别、千姿百态。欣赏者的想象力有"天高任鸟飞，海阔凭鱼跃"的自由，但唯一依据的是艺术设计作品的内涵。最上乘的审美效果是受众再创造成的想象与设计师构想创作的一致，这种共鸣是十分完美的心有灵犀的互动。

第二节 营销意识与书籍装帧分类

书店里林林总总的图书，应该按纵向、横向分类，供读者涉猎选择。按纵向分可以分为文学类、科技类、社科类、教材类、政治类、词典类、外文类、多媒体类等，按横向分可分为青少年类、幼儿类、妇女类、老年类、通俗类、职业类、企业类等。作为书籍艺术设计者也应多方面去尝试各种体裁、各种专业的装帧设计，使设计出来的书封、装帧有一定的独特风格和特色。

20世纪三四十年代商务印书馆、中华书局、正中书局、开明书店等出版机构所设计发行的书都有自我风格。像系列丛书套书，都有统一的规范、格式、个性，使款式独特的书籍设计跳到受众的眼球前来，整体上看让装帧设计万紫千红、琳琅满目。下面概述一下各类型书籍的装帧设计要求。

一、文学艺术类书籍设计

文学艺术书装帧设计可自由发挥，也容易创出个性化设计，文学艺术包括诗歌、散文、传记、小说、剧本、曲艺、造型艺术、设计艺术、视听艺术等，都应依据其内容、体裁、著作者文风来构思设计，力求创新不俗。

诗歌句式较短，设计开本形式时可考虑长32开，狭长小型，俗称"迷你书"，诗歌书版面上下都可放些题花、尾花小装饰，使版面美观轻柔。

散文一般是杂文、随笔、小品文，若以服装来比喻，像小布衫、小花袄，不是大褂、长袍，所以如同轻骑兵，书的款式不宜太厚重，另外要突出每位散文家的个性与写作风格。像鲁迅的散文、杂文针砭时弊，"蜂针"风格；冰心女士的散文宁静清澈温馨柔美，"流水"风格；老舍的散文乡音俚语、京腔京韵，淳朴风格，在散文书装帧设计上能体现一二，就非常可贵了。

小说类装帧设计要根据内容，抓住精粹，概括象征浓缩处理，色彩可稍丰富些以吸引受众，设计小说类书如同聆听交响乐队演奏、气魄要大，封面设计如同交响乐演奏的"序曲"，要画龙点睛揭示小说内涵之精髓。像前苏联作家爱伦堡的小说《暴风雨》，封面上简洁地用四个俄文字，像闪电一般，隐喻暴风雨来临前的闪光，但闪光又是书名字母，一举两得，一石二鸟，妙语双关，概括简约又尽善尽美。是"不着一字尽得风流"的设计。小说类的书可以放插图，以吸引读者阅读时的兴味，也能活跃版面。插图形式多种多样，可以用油画、彩墨画等，但最理想的是用黑白版画或黑白线描画，这样与文字页更谐调（详见版式一章）。插图又分文中插图和单幅插页式，设计

图8-7 《暴风雨》封面设计
〔前苏联〕

者可自行掌握，每本小说内的插图不宜太多，控制在每章1～2幅就相得益彰了。

艺术图书设计，应将书的开本设计稍大一点，中国画画册应呈狭长形，油画画册应呈方形，便于印刷排版。封面设计应尽量艺术化，可以刊登画家作品，这类书可以用精装或假精装处理，有护封和内封。因为画册书厚分量重，翻阅频率较高，护封材料可采用亚麻布、漆布，坚固持久些。

二、传记类书籍设计

尽可能放上传记主人公的照片或肖像画，这样便于受众识别。如《曾国藩传》可将曾氏肖像加上；《宋庆龄传》可画上宋氏画像。因为历史政治人物传记往往有一个时代背景，哪朝哪代，应想方设法在装帧设计上体现，如《秦始皇传》可用青铜器纹样、兵马俑影子来衬托。2006年12月22日由张艺谋执导的、多明戈主演的歌剧《秦始皇》在美国纽约大都会歌剧院首演，获得辉煌成功，樊跃先生的舞台设计就用一尊大型青铜器作布景道具，运用得简洁凝练又突出朝代历史特色。若设计清代人物传记可用故宫内石刻纹样等来表示。

总之，每一朝代建筑、工艺器皿上的装饰纹往往可以概括这个时代，受众只要谙悉历史文化，是可以识别理解的。

三、科技类书籍设计

科学分社会科学和自然科学，出版社分工也较明确，在北京地区有中国社会科学出版社，也有科学出版社、科普出版社等，各有分工。科技类书除了动、植物学科，很少设计采用具象形，多用抽象几何形，如点线面二维设计空间以下，或用西方平面构成、色彩构成中渐次、发射、突变、重复、肌理来描绘封面，是能产生效果极美的设计。如邹新先生设计的《固体脉冲电路》、罗小华女士设计的《日光灯整流器》都很美，而

图 8-8 《林巧稚》 平原设计

且体现科技性。当然科技类书借鉴欧美现代抽象派构图也能出创新作品。美国的现代艺术"硬边派"、荷兰蒙德利安的"De Style"（风格派）、瓦沙雷的"光效应"，都是运用正方形、长方形、圆形、三角形的元素进行排列构成。再加上色彩配置与书名字标题，就形成极美极佳的科技书书封。

科技书包罗万象，专业冗繁，装帧设计应举一反三、触类旁通。根据书的内容抽象地、唯美地来处理，相对地说比设计文学书容易一些吧！

图8-9 《日光灯整流器》
罗小华设计

图8-10 《固体脉冲电路》
邹新设计

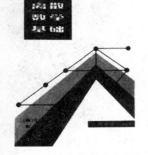

图8-11 《离散数学基础题解》 邹新设计

四、教材设计

教材分大学材料和中小学材料。大学教材应设计得简洁清秀，儒雅飘逸，色泽不宜多，仅2~3色足矣，再在底色上印上深色书名字就大功告成了，既降低书的价码又朴素大方、简练美观。个别特殊教材若要花哨点也应依据内容定夺。如音乐艺术教材可放些五线谱上的符号、音乐元素、象征标记等。中小学教材应视年龄段来思考设计，少儿读物与幼儿读物就应有区别，少儿读物造型可以具象些，色彩可以丰富些；少年儿童年龄越大也应相应要简洁不冗繁。21世纪已是电子时代，快节奏的社会生活使意识形态随步换形，火箭上天，电信迅捷，高速列车，地球变"村"，经济基础在变化，作为精神产品的上层建筑也相应要改变，不能改变到清朝慈禧太后时代，夔龙绣凤、老牛破车，而应简约单纯。艺术作品审美趣味也要从娃娃抓起，从小贯彻少而精、简练勿繁，提升少年儿童的审美观，素质教育也应从封面设计美育上体现一二为宜。

五、政治类书籍设计

政治书装帧更要简练大方，封面设计要用简约的线条或大块色泽来处置，切勿弄得花里胡哨，要"惜墨如金"多做"减法"，应似出水芙蓉少饰铅华，淡泊宁静。色彩方面也忌用五颜六色，可以用红色金色，显示政治书的高贵严谨。若设计社会主义理论、工人阶级政党类书籍可视情况加上五角星或镰刀斧头、火炬元素符号。政治人物文集、选集可放上作者肖像，如《马克思文集》《毛泽东选集》著作等。政治书一般采用精装书，那就要思考精装面料，普通的可用漆布、棉布、化纤布料，考究的可用单色图案绸缎，然不宜太华丽，力避脂粉气；也可考虑用纸面布脊来装帧，选择比较坚固的纸张、面料，使其长久耐用，不致损坏。

图 8-12 《马克思恩格斯选集》
张慈中设计

政治书理应归入社科类图书范畴，然而因中国国情重视国民的思想教化、理论学习，故我国有专门出版政治读物的人民出版社、法律出版社、档案出版社等，每年有大量党政文件首长报告，政府会议宣传材料要供广大百姓学习，出版数量亿万册，另外励志类图书也可归入对中青年白领知识阶层教育用书，也附属于政治书。

政治书看似简单但不容易设计得别出心裁，设计人员终年与线条、符号打交道，常感"江郎才尽""程式化、公式化"审美疲劳。当然若是设计得当，也可美轮美奂，影响力大，覆盖面也广。

六、词典类书籍设计

词典类书经常书脊较厚，归属工具书，受众翻阅频率较高，使用岁月较长，因此精装本较常见，封面、护封设计基本上也需简洁朴素，但色彩上可多一点，控制在3~4色。关键在版面设计上，版心要尽量扩大，天头地脚可狭窄一些，将版心扩展到极限，可印上更多文字。很显然，如果每页版心字数增多了，相应减薄了辞书的厚度，使词典一步到位，不必分作上下册。如商务印书馆出版的16开本《英华大词典》书脊厚度达5.5cm，天头地脚右切边均为2.5cm，版心14.5cm（宽）×22cm（长），其中文字字体又小又密，若版心小于22cm（长）词典

图 8-13 《英华大词典》 李淑敏设计 商务印书馆

图 8-14 《大学心理学》
邹新设计

图 8-15 《生与死》
吕敬人设计

节脊厚度就会增宽一倍，非要设计成上下两册不可，不太节约，增加成本，另外辞书选用纸张要薄而坚，以极薄道林纸为宜。词典类书籍设计者在功能上必须考虑周全，才能使受众应用便捷，得心应手，设计者应好好研究书籍装帧上的"人体工程学"。

"企业生产靠质量，商品销售靠包装"，这是现代商战中的口头禅，作为文化商品的书的包装也就是"装帧"艺术，其文化教育性和书籍营销术如一把"双刃剑"同时并存，不可或缺、轻视其中一个，就会有失偏颇。当今商场如战场，同行非兄弟，市场竞争空前激烈，所以书籍装帧设计人员要具备强烈的"市场观念"，既需紧跟图书市场的跌宕起伏又需传播书籍审美理念。装帧人员熟悉书市至关重要，"知己知彼，百战不殆"，一位优秀的装帧设计人第一要知道一本书的整体策划和责任编辑的构想要求；第二要用心设计一本书的外观形态，关注材质，保证档次规格；第三是一本书出版发行给哪些读者层次及图书销售地域区所，这些都是营销市场理念。

书装设计人员的市场意识直接影响营销状况，一旦设计者缺乏必要的市场意识就会迷失书的设计方向，导致无的放矢。市场意识多方面，其中了解读者受众文化层次，营销给哪些对象是很重要的一环，故书籍设计从读者对象上、阶层上大致又可继续分下列几项。

七、青少年书籍设计

青少年正是长知识喜学习的时段，要依据他们生理、心理特点，在封面、插图、版式设计上掌握活泼、动态、花哨、向上的准则，封面构图不宜太静谧，要静动结合，虚实相生，色彩要对比中求谐调，不宜色泽太邻近太一致。可以采用"错位""重叠""断裂""渐变""同构"等构成形式的后现代艺术手法。还可以从年轻人穿着的服装款式、色泽上取得灵感、借鉴，他们的穿衣戴帽比较奇、特、怪。服装为人做遮体，书装为书做封面，实用美术都有相似的时代审美思潮，只要不是颓废乞丐装，任年轻人自由舒展，就可在装帧设计上效仿。如《大学心理学》书封设计，构图为阶梯形，用不同拼音字母重叠作装饰，使水平线与曲折线相融合，静中寓动，动中寓静，对比有序。因为它是心理书，故色彩不宜太花，设计成赭灰色调，也相得益彰了。再如吕敬人先生设计的《生与死》封面，红与黑两块不规则形色块相切，象征阴阳之隔，有动势形式，而上端节名字用特号宋体字整齐排列，非常宁静，动静相斥又相融，抽象中让读者去回味再三。

图 8-16　米老鼠曾陪伴一代儿童度过童年

八、幼儿书籍设计

幼儿读物中人物、动物动态要夸张，情节要富于想象力、幻想力和浪漫主义，因为在幼儿天国是充满魔幻和好奇的。他们推理力差而富于幻想，他们和成年人思维方式不同步，对直观形象性物体视觉非常敏锐，对虚幻空间有兴趣，所以为幼儿设计书的封面、插图要富有童心，可浪漫夸张些，把桌椅板凳、锅碗瓢勺都可赋以生灵、卡通化、动漫化、拟人化，才能获得低龄儿童的青睐与喜好。像美国华德·迪士尼先生设计的唐老鸭、米老鼠、白雪公主、木偶奇遇记……都十分浪漫有趣，受到一代代儿童的热爱。另外儿童读物尽量用小开本如24开，降低成本，使大量农村孩子也能消费得起。

图 8-17　白雪公主

现在出版界有一怪现象，儿童读物越出越大，越做越重，越来越贵，儿童双手都拿不动，只得放在地上阅读，形成儿童读物皆是礼品书装帧，价格昂贵的风气。也许是出版社、书商窥见独生子女现状，各家各户父母把孩子当作小太阳、心肝宝贝，不惜高价为孩子智商下狠劲，真是"可怜天下父母心"，拟修正林则徐诗中的两个字以慰怜独生子女父母的良苦用心："苟利'儿女'生死以，岂因祸福避趋之。"

图 8-18　《法国童话选》封面
高燕设计

九、老年书籍设计

　　老龄社会，老年人的队伍已如堆雪球般越来越庞大，单北京市就有离退休老人224万～300万人，各行各业都在为银发工程添砖加瓦。书籍报刊出版机构关心为老年人出书出报已势在必行，那么老年人的书一定要适应老年人的身心特点来设计。

图8-19 《三国演义》插图"三顾茅庐" 汪观清设计

　　人老了耳不清目不明，故书籍内页字体应大一点，墨色要浓些，字距行距宽松些，使老年人戴上老花镜也能愉快阅读。封面设计尽量简约些，色彩应在灰冷色调中适当加点暖色，做到"万里长空有彩虹"，因为老年人爱宁静致远、格物致知，色彩多了乱哄哄，如同听觉中的噪声。另外老人书要减少书脊厚度，书装要轻便，如鸿毛蝉翼，携带方便，使耄耋之年的老者也可拿起翻阅，开卷有益。老年人操劳一生，过了60岁后自由打发的时间就充裕了，为此，书的内容应着眼于健身、休闲、医药、旅游、保健、琴棋书画娱乐养生方面。不论何种书的设计应适合老年人"童心"，夕阳无限、天真稚气的一面，文字中应多放些直观形象的插图、漫画，使老年人从生理、心理上皆能获得愉悦，使"老有所养，老有所为，老有所乐"。

十、妇女书籍设计

妇女是半边天，新中国妇女的政治地位日益提高，文化上也日新月异、充实升华，女性报刊、妇女出版机构应运而生。相继出版的时尚女性读物、女性书籍顾名思义要凸显女子特色，包括与女性须臾不可分的婴幼儿娠妊类书籍。这类书设计上要清淡柔美，轻纤典雅，像京剧里的青衣花旦，一招一式移步换形，行走飘逸。我们可以来体会一下唐代女诗人葛鸦儿用女性视角来抒发的情感。她的《怀良人》一诗，这里良人指的是丈夫，诗云："蓬鬓荆钗世所稀，布裙犹如嫁时衣，胡麻好种无人种，正是归时不见归。"古代相传胡麻（芝麻）必须夫妻同种，才能茂盛。这里描写一位布衣裙钗妇女盼望丈夫出征归来的思念之情，委婉舒缓、如诉如泣抒发了女诗人的内心

图8-20 《女性时尚丛书》 魏均泉设计

情感。这种含蓄隐喻的诗文，从女性的角度来描述，更能打动人心。

魏均泉先生曾获得第六届全国装帧艺术展铜奖的女性时尚丛书《卓然白领》《时髦质感》《魅力制造》，这几本书在封面上都体现女性流动的线条，楚楚动人，温柔妩媚。再如女装帧师张红设计的《梦游手记》从女性的慧眼去描绘，用稚拙流云般线描自由地画出来，自然朴素内敛深邃，没有一丝张扬与浮躁。通过设计语言，将设计者自我的感受准确传递给读者，同时也使该书著作家尔乔先生的小说得到升华，张红不彰显自我，生怕自我的设计干扰尔乔的文学作品，把自己隐藏起来，怕喧宾夺主，这对女性设计师来说难能可贵。妇女读物应当设计得阴柔含蓄，这才能窥见装帧设计中半边天的意蕴与魅力。

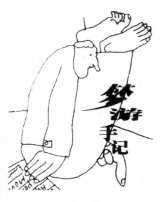

图 8-21 《梦游手记》
张红设计

十一、套书系列设计

套书又称为丛书，顾名思义不是出版一本书，而是一系列相关内容、风格的书，相关题材品类的书或一位著作者的多卷全书。多则几十本，少则几本，十几本的像《中国大百科全书》《鲁迅全集》《巴金全集》《茅盾全集》《郭沫若全集》和《中国五四诸文学家选集》丛书这类书可以是多位作家分卷本丛书，也可以是一位作家的多卷本套书，这种多卷本套书最受藏书人青睐，放在书柜里洋洋大观，书卷气重。套书的设计特点是开本统一，设计一致，整齐划一，像一胎多崽的熊猫宝宝，容貌酷似，性格各异，大同小异，同中有别，故而我们在设计套书时要思考各卷书在套书中的统一设计元素，但又要不失每卷书的独特性和与众不同点，既所谓统一中求变化，变化中求统一，也即求同存异。套书设计类似邮票艺术设计，譬如一套十五枚的奥运会邮票设计，设计者必须考虑每枚邮票在构图布局，图形字体，色彩配置诸元素中，至少要 1 ~ 2 项统一重复，其余可相异不同，自由独特。总要有一条共性纽带将一套多枚邮票串连起来，形同孪生才合适，才称得上一套邮票设计。那么套书设计要求也同理，总要有1~2种设计元素在每卷书上反复体现，像冰糖葫芦的竹棒将六颗糖块不均、大小不一的红果串成一体。这个设计里，五四以来21位文学家的丛书，在封面上都用文学家的肖像照，如胡适、巴金、冰心、萧红、肖乾……文学家姓名均统一字体，统一放在书封左上角，唯配色各异多彩，但均在各家黑白照片上平印一单色，此套书设计既统一格式又不同色泽，既相似又相异，体现套书整体一致的本质。

图 8-22 《中国五四诸文学家选集》丛书封面

再据鲁迅先生系列著作《呐喊》《彷徨》《坟》《野草》《南腔北调集》《朝花夕拾》等这套丛书封面上都有鲁迅浮雕像，书名字体布局均统一，唯封面色彩为深浅不一的灰褐色的邻近色，凸显为鲁迅先生一人所著的作品，令人想起当今T台上服装设计师设计的系列套装，必定是面料大致统一，服色大致一致，而款式可多样：长裙，短裙，吊带裙，露肩裙，拽地裙，连衣裙，百褶裙，裙裤等。服装设计为人体作嫁衣，装帧设计为裸书做封套，艺术设计大体雷同。总之，套书、丛书设计对于研究设计元素的统一性和独特性至关重要。

图 8-23　鲁迅著作封面

十二、保健书设计

　　戚继光曾说："养性莫若修身，至乐无如读书。"保健书按我国出版企业的分工，一般由卫生出版社或体育出版社出版。二三线中等城市可由综合出版社出版。保健书内容大都有关于身心健康，保健与养性常有关联，民间所谓：打坐正身，人静收心，意念循行，意守丹田，四肢自然，目不斜视，心光内注，阴平阳秘，达到超然。另外保健与体魄锻炼，瑜伽养生，武当、太极也相关，为此设计这类书要贴近百姓，通俗易懂，封面上要图形概括，空灵含蓄，以一当十，了然于心。它不是政治理论书封面设计，排几行书名文字，印1～2套色彩，就显得严肃大方，保健书封面设计可稍稍活泼一点，像女性瑜伽一类书，封面上可加上静静养心的做瑜伽功的美女，能清晰阐释书的内涵，也能抓人眼球。记得法国出版一本保健方面的书《青少年生理解剖》，在封面上画个女孩，她手中拿着镜框正对着她前胸脯，画面上是五脏六腑，酷似女孩在展示一幅油画，但展示的是女孩自身的内脏，一举两得，一石二鸟，构思巧妙，将不太好表现的人体器官，以油画艺术的美来展示，使读者看后不至于反胃恶心，这就设计到位了，它巧妙地表现书的内涵。试想，如果在封面上把女孩的人体解剖，心、肝、肺血淋淋地画出来，虽然很真实自然，但也会令人呕吐不止。中央芭蕾舞团大型原创芭蕾舞剧《牡丹亭》参加英国爱丁堡国际艺术节开幕演出，编剧费波先生精益求精，不断修改打磨该作品，以求达到最完美的效果，这部虚幻梦境《牡丹亭》由昆曲移植过来的舞剧，演到尾声，舞台上无数片红花瓣从天而降，覆盖在大红戏服的杜丽娘和柳梦梅以及在恢弘交响乐中狂舞的芭蕾演员们身上，忽然这些全部遁失在空旷的舞台中央，只留下一把中国古典戏曲中的木椅。这极致的浪漫式唯美，空灵与回味，使整个剧场内的欧洲观众为之沸腾，爆发出掌声和尖叫，这就是艺术美。费波先生的巧妙构思将汤显祖一个古老空灵的爱情故事用芭蕾形式表现得那么浪漫柔美。"他山之石可以攻玉"，保健书封面设计在体现书的内容体裁之外又要体现书封的形式美。在保健、卫生的内容制约下其形式上一定要凸显美感，用新瓶装陈酒。所以也有评论家认为："形式不仅仅是形式，它其实就是内容。"

图 8-24 《青少年生理解剖》封面设计

十三、艺术书设计

艺术门类涉及面广。广义上说有音乐、戏剧、曲艺、电影、舞蹈、绘画、书法……狭义上泛指绘画，又细分为国画、油画、版画、雕塑、设计等。这里仅以绘画艺术书籍设计为例来阐述。众所周知，艺术是创意和情感的表达，艺术书籍也是如此，它既是作家，艺术家所创作的语言艺术或造型艺术的载体，它又是完美的材质、印刷、设计的结晶，显得名贵，限量发行，收藏价值等身份品质的象征。在国外，价格昂贵的艺术书籍和香奈儿（Chanel）的著名品牌霓裳服饰，高档商品媲美，可放在珍贵品柜一起销售。可见艺术书籍和高档商品有一样的属性，它们都处在金字塔的顶尖。

除了艺术理论书封外，艺术画册类书开本较大，大致有12开、16开、8开、4开，大都为精装本，面料包封珍贵，封面烫金，显得华丽高贵，如《齐白石画集》《徐悲鸿画集》都是大开本，便于读者阅览技艺细部及色彩衔接的精细描绘处。由于绘画幅面尺码横竖大小不一，故而绘画艺术书籍开本以近方形为宜，这样既适合条幅长卷国画，又吻合横向布局油画。另外画册精装本除护封外，还需附加"书匣"（书函），一般用马粪纸、硬卡纸制作，如《谷嶙画集》和《中国写实画选集》，书匣上不印画，精装封上也可不印画，护封上可以印画，精装封上因有亚麻布或漆布包封，故只能烫金不能印彩画，这样使精装封面空灵大方一点，像音乐乐谱上的休止符号停一拍，间隔一下，更体现艺术节奏感，如同我们从金水桥走向天安门北端的午门故宫博物院，先有拱形门洞，经过端门到一片空旷石板地，仅左右两侧各有一排平房，信步经过间隔地段，然后向北到达故宫午门宫殿，再往前就进入午门到故宫内众宫殿了。艺术书精装本先由书匣、护封、硬封、环衬、扉页、书名页、目录、序言、画页等，正如"庭院深深深几许，重山复水又一村"，翻过一页一页才见画页，可见精装书封和古建筑布局同样颇有音乐节奏感与间隔感。德国戏剧家布莱希特大师说："间隔效果就是使观众时而撤离剧情，是一种更理性、更自由的戏剧导演手段。"精装艺术画册该是这样设计，这才算佳作了。

纵观《谷嶙画集》整体，设计师步步为营——完成的，先是设计左侧书口的书匣，书匣上除了正楷书法"谷嶙"两个字，其他一无所有，再是印有谷嶙创作的油画《富饶美丽的西双版纳》为底图的护封。三是黑色布面上重现书匣上"谷嶙"正楷书法字又加上金色美术字《谷嶙画集》构成精装书封，四是灰色环衬展开页。五是重复精装书封书法与书名布局，构成书名页，唯黑纸白字不烫金。六是画家彩色肖像照。七是白纸黑字由吴作人题《谷嶙画集》书法，又是一帧书名页。八是展开页左页是一副古建筑风景画，右页为灰底黑字，作者简历及白色印章篆体"谷嶙画集"四字。九是画集序言，十是目录页，十一才是油画集的画面，全面刊印创作的油画，彩画数十幅，有作家以为写文章应该做到"凤头，猪肚，豹尾"三部曲式结构，精装本画册也理应如此，由书匣至书名页，由序言至图文内容，再由内容至尾声封底，起起伏伏，虚虚实实，断断续续，富有节奏地自始至终，艺术类画集设计理当如此才显奇妙，诚是汤显祖在《牡丹亭》剧中所言不到园林怎知春色如许？举个不一定恰当的比喻，揣摸精装书结构布局如同插上电熨斗通电，它能悠悠地一步步地达到炙热的高潮，然后脱离电源，它逐渐降温至尾声（冷却）。

图 8-25 《谷嶙画集》书匣

总之，只有动手设计实践，才能体会艺术设计的甘苦与奇妙！

第三节

书籍招贴画

招贴画（POSTER）又称宣传画或海报，是具有群众性的造型艺术之一。它张贴在公共场所、十字街头，引人注目，所以国外称为"街头美术"，日本美术家粟津喜代之（KIYOSHI AWAZU）说："招贴画是无声的宣传。"

一、招贴画的类别

招贴画大致可分为社会性招贴、文化性招贴和商业性招贴。

社会性招贴（SOCIAL POSTER）包括社会运动、政治活动和节日纪念。如前苏联画家依·托依则画的"祖国——母亲在召唤"对卫国战争时期起了巨大的鼓动与号召作用。它与一般画的不同点是，它配合文字向观众做直观的宣传鼓动，图文两者有机的统一是招贴画宣传的特殊方式。

文化性招贴（CULTURAL POSTER）包括展览招贴、电影广告、书籍招贴、音乐会演出招贴等。在国外一幅招贴画在一块墙面上或板栏上，同时张贴五六幅之多，称作"密集宣传"，效果瞩目而精彩。

商业性招贴（COMMERCIAL POSTER）即宣传各种商品的推销广告，宣传企业的信誉。世界上对这门宣传学问很重视，研究消费者的心理、爱好，使商品招贴能很快吸引消费者的视觉，增加兴味。

综上所述，招贴画作为视觉传达有其独特性和优越性，大

图8-26 《贝多芬传》书籍招贴 李曙光设计

图8-27 《傅雷家书》书籍招贴 唐磊设计

致上可分四点。

（一）可以在短时间内向匆匆过往的行人传布信息。

（二）同样的信息，可以较长期反复向人们宣传。

（三）能通过艺术性打动人的情感与情绪，造成深刻的印象，便于大家记忆。

（四）能在同一时间内把信息传给众人。

二、招贴画的沿革

我们知道，15世纪西方招贴画用凸板木刻印刷，幅面小，形象性也受工艺制作局限，大都用文字作宣传，法国路易十五时期，国王命令把招贴画专门设立地段和墙面供张贴招贴画使用，这种习俗一直延续到今天。

现在欧美的城市都设有专供招贴的板栏，有的圆筒形，有的集中在一块大墙面上，非常醒目，但真正图文并茂的招贴画的出现同石板印刷术的发明是有因果关系的。1769年，年轻的演员和作家A．森纳菲尔德（ALOIS SENEFE–LDER）在一次洗衣时记账的偶然中发明了石版画，引发了印刷术革命——石版平印术。经过半个世纪黑白石印术的提高发展，到1858年彩色石印术崛起，巴黎印刷工厂开始印大型彩色石版招贴画。由于当时资本主义兴盛时期，新兴资产阶级享乐主义甚嚣尘上，巴黎各种供资产阶级游乐的酒吧间、舞厅如雨后春笋，为了招揽生意，酒巴舞厅开始采用招贴画。1869年法国一位著名的画家尤利·乞莱脱（JULES CHERET）自己开办石印印刷工厂自画自印一系列的舞厅舞娘、化妆舞会的招贴广告。这种石印招贴比木板印刷品幅面大，用笔技法自由，而且笔法细腻，色彩又能重叠套印，非常丰富绚丽。

当时招贴画的细腻程度可以说受洛可可（ROCOCO）艺术风格的影响很重，如洛可可艺术大师G．R．提衮波罗（GIOVANNI RATTISTA TIEPOLO）于1759年曾画过一幅《瘟疫

图8-28　1928年印刷展览招贴

图 8-29 1917～1918 年美国画
家 C．H．克里斯蒂画
的征兵招贴

图 8-30 ARTIA 出版社书籍招贴

病人祈神图》的湿壁画，富有宫廷艺术风格，精雕细刻、修饰
烦琐。但这种洛可可的艺术风格，生硬地搬到招贴画上来，不
能认为是正确完整的。因为对招贴画创作来说，单靠画面学院
式素描似的精确、逼真写实是不够的，招贴画首先应该要构思
巧妙、激情充沛，应该突出表现缺它不行的主要形象，使观众
的注意力集中在最本质的地方，才能单纯、简练，以形动人。

19 世纪末印象派画家 ED．马奈和 T．罗特莱克用单纯的平
面装饰色彩和有力的装饰线条对发展 20 世纪招贴画有杰出贡献
和影响。

20 世纪初分离派（SECESSION）象征主义艺术风格兴
起，在室内装饰、工业造型等方面随着工业品的日益发展而活
跃起来，对招贴画的形式产生装饰化的影响，如阿·罗莱尔
（ALFRED ROLLER）《维也纳第 14 届招贴画展览会》一画和威
尔·勃莱特里（WILL BRADLEY）的《小伙子书》招贴，非常
富于装饰性，而且技法细腻精湛，很像英国黑白装饰艺术家比
亚兹莱的独特表现手法。

立体派绘画开创崭新的艺术形式，虽然带有几何形体的抽
象手法，但还能看出形的实体，然而立体派对招贴画的形式产生
新的绘画语言、新的表现手法，构图新颖、色彩调和。最著名的
立体派招贴画艺术家要推卡森特莱（CASSANDRD）在 1927 年创
作的"北斗星"和 1932 年创作的"酒吧车"。十月革命后 1918 年
前苏联有幅招贴画"陆军与海军"也是属于这类流派。

第一次世界大战结束后，1919 年成立包豪斯现代设计学
校，从建立到形成自己独立的风格历时 14 年，这个以圆形、
长方形，几何造型为基础的形式风格，是立体主义和结构主
义理论的体现。在艺术和工艺技术密切结合的影响下，包豪
斯招贴画产生新的形式，即平面的、单纯简练的几何抽象手
法，如 1928 年在魏勒斯里大学（WELLESLEY UNIV）举行的
由诺克尔（NOCKUR）画的《现代印刷展》招贴。著名书籍装

帧家约翰·契肖特（JAN TSCHICHOLD）作的"实用美术设计展"招贴和J. 斯米特（JOOST SCHMITT）作的《1929～1930 BAUHAUS作品展》招贴，这些招贴画的特点即由追求三大面的绘画空间表现，过渡到平涂①的单纯化、平面化，富有强烈的远视效果，沟通了艺术与工业技术之间的隔阂。

艺术上的各种流派，很快会在招贴画中体现，德国表现主义的桥派艺术创始人E. L. 基希纳（ERNST LUDWIG KIRCHNER）画的"BAUCKE展览会"招贴，以及近代画家杰弗林·兹威克（JOFRIN CWIK）作的《五月》都带有表现主义的痕迹。

20世纪初，正当第一次世界大战期问，欧洲又开始流行现实主义作品，有不少"征兵"宣传招贴是非常写实的，因为它考虑到广大群众的接受能力和宣传效果，如H. CH克里斯蒂（HOWARD CHANDLER CHROSTY）创作的《我要你参加海军》和美国阿尔弗里特·李德（ALFRED LEETE）画的《你的祖国需要你》是幅对后来非常有影响力的好作品。前苏联画家莫尔（C. MOOR）也曾受它的启示，画过一幅《你参加了志愿军吗？》的招贴。现实主义发展到近代，由于摄影技术的飞速发展，绘画手段和摄影手段的结合，用蒙太奇的剪辑技法也出现了照相现实主义的进步作品。1936年伏斯圭尔（VOSKUIL）画的《在纳粹统治下的奥林匹克运动会》以及无名氏作的《第三国际万岁》都属于现实主义流派的招贴画。

称为"全文字招贴画"的达达主义招贴，有K. 斯赫威克尔（KURT. SCHWITTERS）和T. V. 杜斯博格（THEO VAN DOESBURG）合作的招贴，他们完全用字体大小排列作为装饰变化，开创了招贴画艺术的一种新面貌，对当今时代还有影响

---

① 平涂即用排笔或毛笔将水彩色沿水平垂直方向涂刷使色泽光滑均匀，如我国传统年画色彩。

和参考，像R．英底阿纳（ROBERT INDIANA）画的《NOEL圣诞节》招贴和法国R．乞丝莱维兹（ROMAN.CIESLEWIEZ）设计的《巴黎－莫斯科》展览招贴等。

各种流派和艺术风格的产生，丰富和发展了招贴画，它们有的是在同一时期平行流行的，有的是互相争妍而发展的，然而每种流派都有它的局限性。分离主义、象征主义、包豪斯、达达主义、现实主义、立体主义、表现主义虽只流行一时就烟消云散了，但它们的起因和作用是不可泯灭的，它开创了招贴画创新的一种探索精神，当今时代的招贴艺术创作可批判地借鉴。

三、招贴画的繁荣时期

如果说第二次世界大战前是近代招贴画史的第一阶段，那么第二次大战后可以说是第二阶段的开始。战争结束后各国经济如久病复苏，趋向恢复发展阶段，招贴画的内容也转而依附于以经济、文化类为主的介绍产品的广告而日益兴起。电影、展览会、音乐戏剧演出，旅游招贴也蒸蒸日上，培育了一批著名的招贴画家，吸引了不少世界名画家来从事招贴设计。第20届世界杯足球赛的招贴是由著名现代派画家米洛（MIRO）画的。

航空旅游事业的空前繁荣，缩短了国与国之间的距离，各国之间文化交流频繁，艺术上互相启示，共同融合，对各国招贴画的发展起了推动作用。其次是近年来国际性招贴画展此起彼伏，在华沙（波兰）、米兰（意大利）、卡拉鲁达（美国）等地举行，也促进招贴画质量的不断提高。另外联合国教科文组织主办的专题性招贴画展也引起各国艺术家的广泛兴趣，如1975年举办的"水即生命"（WATER IS LIFE）内容以反对环境污染为主题的招贴展中有26个国家、146位艺术家参加，共展出164幅作品，由前民主德国的D．斯哈达和J．斯督克莱获金牌奖。

　　称为社会性的招贴画，近年来在世界各国发展较快，内容除了议会竞选、反对核战外，大部分表现公害与社会保险，引起广大人民的警觉。波兰J. 采尔玛乌斯基（JERZY. CZERMAWSKI）设计的反对噪声的《静》招贴画构思别致、耐人寻味。日本巴田翁太郎（TOMOED）所画的更好关怀老年人的招贴《不牢靠之年》用一把三脚不稳的椅子表现不牢靠，象征手法独特而富于哲理性，立意新颖，简练单纯，既概括又含蓄，给观众留下想象咀嚼余地，巧妙体现了形象思维的艺术魅力。

　　世界上彩印招贴画的历史，不算太长，只有100多年，但随着人类社会的进步，科学技术的突飞猛进，至今各国招贴画发展步伐很快。不论从表现手法、内容题材、形式风格，皆琳琅满目、美不胜收，中国的装帧工作者和招贴画爱好者应积极参与国内外各种招贴画展，勇于创新，为祖国争夺招贴画世界金牌而努力耕耘。

|思考题|

1. 招贴画可分哪几类？

2. 广告招贴画有何优越性？

3. 从艺术形式上分析一本你喜爱的文学书。

4. 请去附近书店调研少年儿童书籍销售情况，并做调研报告。

|作 业|

　　画一幅书籍广告招贴以《中国国际图书博览会》或《老舍文集》为题，尺寸90cm×120cm，色彩不限，形式不限，可用手绘，也可用电脑辅助设计放大。

装帧设计作品赏析

《狼魂》

《狼魂》

《狼魂》封面设计在渲染气氛上很成功，氤氲的夜幕下，皓月当空，阴森森的山丘顶上有一只伸长脖子嚎吠的狼，顷刻间使读者在视觉感受上联想到惊魂般的恐怖。

山丘用黑色平涂，天际用普鲁士蓝横抹，凸显了柠檬黄老宋体"狼魂"二字，放在书店琳琅满目的书堆里，肯定会跳进读者的眼帘。因为颜色是光刺激眼睛所产生的感觉，光有波长，光波大概是400～700nm，而黄色光波为590～570nm，比绿色蓝色要大，在众多颜色中较突出。色彩是否醒目，还要看颜色的"视认度""对比度"，视认度高、对比度强的颜色肯定是醒目。黄与黑配在一起，视认度特别高、对比度也特别强，所以上小学的儿童都戴小黄帽，在过马路时能引起汽车司机的注目，注意儿童行走安全。

该书设计者显然是想第一眼突出书名，第二眼才凸显环境氛围，为了显示书名，甚至将月亮该敷黄色而不敷黄，而用灰白月色，把全部黄色运用在书名上，绝不喧宾夺主，可见设计者的惜墨如金，艺术修养胜人一筹。

《女人的私房钱》

《女人的私房钱》（MAD MONEY）的封面突出西方淑女朱红的嘴唇，长睫毛的眼眸，这就点出了女性书的主题，右上侧那块黑方体内白线是另一侧眉毛，而眼部有$符号意示为美元，虽然设计师没有画出脸部的轮廓线，但"此时无'线'胜有'线'"。

此封面用色也极简约，只用了红黑赭石三套色，封面近1/2是书名"Mad MONEY"黑白互补的字与底色。Mad黑字白底，MONEY白字黑底，对比反差强烈，夺人眼球，放在林林总总的书架上肯定会引人注目。

《女人的私房钱》

英文字体用GROTESK体（黑体），粗壮有力度，极富远视效应，右上角的方块，正好均衡了上下颜色的布局，若少了它会形成"一头重"，失去了形式美规律，可见艺术的高低不在乎色彩冗杂，而在乎搭配得当体现书的内涵和形式的美感。

《探秘高极》

《探秘高极》一书采用电脑辅助设计制作，当今电脑作为设计的工具和手段被大量运用，电脑介入装帧艺术设计，为书籍、杂志增添了高科技的美感。这种科技之"美"，成为平面设计现代美感的重要因素，电脑为设计家随心所欲提供了形式，可任意制作设计家预想或意料不到的设计效果。但是电脑的神奇快捷也为某些设计者提供捷径，形成电脑设计程式化、符号化，网上转录照片应用在封面的泛滥，形成各出版机构的平面设计千篇一律。甚然，我们不能去否定电脑对设计者的有利方面，电脑对装帧艺术是一个革命，只要设计者殚精竭虑，电脑辅助设计定出创新佳作，这一点是毋庸置疑的。

《探秘高极》

再谈《探秘高极》书封，整幅画面是照片扫描的堆砌，除了可可西里风光，其余不能给人以震撼力。但书名文字处理得瑕中有瑜，四个书名字不循规蹈矩排列，而有反潮流精神，它们大小不一、左右穿插，强调"高"字特高，"秘"字特秘，有点后现代主义设计思维，这是很值得肯定的。

《伟大的道路》

《伟大的道路》由生活·读书·新知三联书店出版，钱月华女士设计封面，此设计曾荣获1979年全国书籍装帧艺术展一等奖。画面上朱德总司令骑着骏马驰骋沙场、英武气概的摄影震撼人心，这是具象的、写实主义的"形"，设计师又巧妙地用十余条红色曲折斜线画在骏马下端，组成透视的抽象"形"，意喻着朱德同志戎马一生，万里长征，曲折的革命道路。这里用

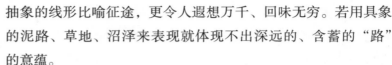

《伟大的道路》 钱月华设计

抽象的线形比喻征途，更令人遐想万千、回味无穷。若用具象的泥路、草地、沼泽来表现就体现不出深远的、含蓄的"路"的意蕴。

抽象与具象融合、杂交一起是这张封面创新成功的核心。可以断言：两种艺术若能做到"毕加索＋城隍庙"中西合璧、土洋杂交的话，一定能产出新颖作品。从植物学上袁隆平教授研究的稻米杂交能高产的实践，也印证这一点。再从艺术史上举例：佛教自东汉明帝永平十年（公元67年）由印度传入中国后，印度的观音本是有小胡子的男性，经三国两晋南北朝至隋唐与中国人文、民俗、艺术融合，观音菩萨变成普度众生、慈善为怀的女观音了。所以封面创新办法之一是要擅长用两种不同的艺术风格、相异的艺术形式来杂交糅合出新的作品，这是被中外艺术史证明的一个规律。装帧设计者可以去实践、探索，但要说明的一点是，要把相悖艺术消化后融合，而不是简单地焊接在一起，那就不伦不类像老农民戴上博士帽，贻笑大方了。

《"阿玛蒂"的故事》

《"阿玛蒂"的故事》由辽宁省沈阳市春风文艺出版社出版，封面由安今生先生设计。画面上黑色影形的男士与红色影形的淑女结合在一起，右侧用白线构出提琴轮廓，显示了书的内容与音乐有些牵连，男士与淑女是师生亦是情侣关系，只能通过阅读才能分晓，这种悬念也会激发受众购书一读为快的心理欲望。在封面设计中多一些这类悬念、疑惑，也应是设计者与市场相互动的必需。

这张封面设计的精彩之处是运用艺术"共用线""共用形"的技法，事半功倍。封面中男士的颈脖线与淑女的发顶线合二为一，省了笔墨又不模糊。所谓"你中有我，我中有你"。这种技法在西方现代艺术中频频出现，如西班牙画家毕加索的《女人与鸽子》将女人头发线与鸽子轮廓线合二为一，又如中国古

《"阿玛蒂"的故事》 安今生设计

代敦煌壁饰中三鱼共头、三兔共耳的图形，所以设计人要擅于吸收传统民族艺术、现代主义艺术，把一些又省力又取巧又简约的技法，妥然地运用到装帧艺术设计上来。当然事物总是一分为二，这幅封面设计也有瑕疵，譬如书名尚可写得端正些，提琴的轮廓尚可缩小些，不宜堆得太挤。总之，要使封面图形与文字"动中寓静""静中寓动"。此封面设计虽白玉有瑕，但尚不掩瑜。

《爱曼纽尔》

《爱曼纽尔》这幅法国平面广告，构思是依据欧洲基督教《圣经》故事中人类始祖创世纪的神话，《圣经·创世纪》记载："上帝创造了男人亚当和女人夏娃，专门为他俩在 Eden（伊甸）建立了乐园，后来两人偷尝禁果，上帝将他俩驱逐出伊甸园的故事。"此画设计师把苹果变为女性的臀部，削下的果皮变成长长的蛇身与蛇头，以喻《圣经》中引诱亚当去尝禁果的夏娃。这个故事在西方犹太教和基督教盛行地区家喻户晓、童叟皆知。欧洲古典油画中凡是画伊甸园亚当、夏娃一对情侣时必画苹果和长蛇，广告设计师将近似臀部的苹果和果皮蛇，三位一体结合起来，简练地隐喻男性和女性的情爱，可以说是"踏破铁鞋无觅处，得来全不费工夫"的灵感显现，来阐释了此广告内涵，也使看了广告的受众得到启示。画面虽简洁，色彩也单纯，但受众通过"苹果"体会一对情人灵与肉的激情，从中获得观赏性和审美性，定会过目不忘，深深铭记在心田。

《爱曼纽尔》封面

《舞蹈家》

《舞蹈家》（DANCER）是美国出版的一本小说，书名下端画着舞台灯具，显示这是发生在大剧院的故事。画面中心从五个视角用五个片段重叠组合在一起，并采用"意识流"风格来设计版面。

《舞蹈家》封面　美国版

所谓"意识流"是美国哲学家詹姆斯所主张的理论，他认为：每一个人都可以根据自己的兴趣从连续性"意识流"中把他所注意的部分挑选出来构成他自己的世界，每一个人所谓的事物只是他自己从意识流中任意划分出来的片断。詹姆斯的理论影响到文学与影视艺术，"意识流"在银幕中表现人的内心活动和思维的方法，其中倒叙加回忆手法也常采用。欧洲有部电影《第八个是铜像》，影片中分别由七个游击战士不分顺序回忆自己战斗生活片断，打破时间空间的约束，影片结束，观众用自己的思维将片断情节串联起来，最后彻底明白影片全部内容。那么在装帧艺术上也可运用"意识流"方法，《舞蹈家》中几个片段有主角肖像、情侣双人舞、男芭蕾舞演员、女芭蕾舞演员等不同时间、不同空间发生的情节，由该书设计者把全剧中精彩片段挑选出来，打破时空设计布局。这种意识流构思构图方法可丰富设计人员灵巧的技艺，美国"意识流"理论值得我们在封面、插图、装帧设计中融会贯通地研究学习！

《VOGUE》

《VOGUE》（时尚）是巴黎、意大利发行的一本时尚服饰杂志，深受白领女性的青睐。按常规它的封面总采用新潮靓丽的女模特儿肖像，但偶尔也会出格，像这一期竟采用抽象派画师米洛（MIRO）的画。米洛常用点、线、面与鲜明的色彩画抽象画，有童心般的"画眼"，他也曾为世界杯足球赛画平面广告，世界各国现代艺术博物馆都收藏有他的作品。

其实抽象艺术在中国也早已通行，如苏州园林里的假山石、凹凸剔透，就是抽象派雕塑艺术。服装面料中大圆点小圆点的印染花布，方格子、十字线格子的机织花布，广西新疆少数民族手织的土布，都是抽象的几何形。所以有些社会科学方面书籍的封面不宜用具象表现，而用抽象手法来表现最能吻合其内涵精华。当我们看腻了早期古典主义、现实主义灰暗赭石

服装杂志 VOGUE 封面　米洛画

色调油画后，再欣赏米洛画师富有时尚性、装饰性、童趣性的作品，则有"柳暗花明又一村"之感。用"赏心悦目"四个字来形容米洛作品，也许最恰当不过了。

服装杂志 VOGUE 封面
依尔维·贝姆设计

《保罗书信导论》

《保罗书信导论》一书由台湾浸信会出版部出版，书名皆用繁体字。设计者利用行书邮票和邮戳来构成封面，创意新颖。"书"字底下的"曰"字和"信"字下面的"口"字各用一枚邮票覆盖替代，因为书信和邮票像孪生兄弟须臾离不开。另外，六根波浪形邮戳线放在封面下端，更显示纸质书信的符号识别性，此封面色彩基本上仅赭石、灰与黑，单纯到极致。不足的是二枚邮票的色泽略显灰暗，如果稍明亮些，也许会更显视觉美感。封面中那圆章印戳不是邮政系统而是浸信会印章，其中将著作者海贝德博士名放在印章内倒是别出心裁的创举。封面上、护封上用实物粘贴法来辅助设计，若用电脑扫描的方法，就更快捷了。

《保罗书信导论》封面　台湾版

《艺术新视界》

《艺术新视界》一书由湖南美术出版社出版，张卫先生设计护封，获第六届全国书籍装帧艺术展银奖，设计者巧妙地将封面人头画成白底黑形，封底画成黑底白形，一黑一白，一正一负如太极图。实际上封面上的头形被白框占据，仅露出头顶、颈部、左右耳朵，白框中主要凸显书名，封底上白框改黑框，黑框内写了书的内容介绍，封面封底合成护封，黑白反差分明，其实在色彩学上黑白属无色系统，而在印刷上是惯用的一对矛盾体，可以说没有黑也没有白，没有白也没有黑，黑白画艺术上称：以白计黑，以黑计白，黑与白是反差强烈的对比。木刻艺术主要靠黑白反衬来取得艺术美感，中国画也是在白宣纸上才显魅力。齐白石先生画虾，只在白纸上画墨虾，由观众去再创造，在视觉上将白纸视为河水，可见黑白互动之关系。若将白宣纸刷上淡蓝色再画虾，那就画蛇添足——多此一举了，也丧失了黑白艺术的美感。

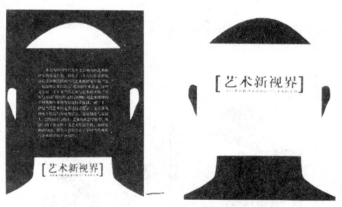

《艺术新视界》封面　张卫设计

近闻黑白摄影正在悄然复苏，原因是黑白照片给人更多想象空间。你可以从黑阴影中去漫思其内涵的色泽，而彩色照片则一览无余引不起丰富联想遐思，不能再回嚼反刍。著名导演谢铁骊回忆：当他执导1951年获斯大林文艺奖的周立波著的《暴风骤雨》电影时，当时彩色胶片虽已普及，该片又是为庆祝国庆十周年的献礼片，但谢导为了使周立波的同名文学作品更吻合1946

年东北贫困农村土地改革的激烈阶级斗争场景，也为了让观众看电影时发挥自己的想象力，果断采用黑白胶片拍摄，真是"可贵者胆，所要者魂"。装帧设计艺术和影视艺术有类似之处，用简约黑白对比设计封面、插图，版式是英雄有用武之地的。

《王贵与李香香》

《王贵与李香香》是诗人李季先生早年在延安窑洞生活时创作的诗集，描写西部年轻庄稼人自由恋爱的故事，清华大学美术学院吴冠英先生重新设计了该书的封面和插图。他采用剪纸形式的黑白画，造型简洁，黑白分明，封面中主人公身体的线条挺拔如同刀刻一般，插图中王贵与李香香在拱形窑洞内互相爱慕的姿势、地上的陶罐、锄头、炕笤安排妥然、惟妙惟肖。月夜奔走那幅插图中，李香香细细的小辫和黑狗粗粗的尾巴，弧线型的天空和弯弯的月亮，对比鲜明、概括得当、简洁明快、美轮美奂。王贵放牧羊群那帧插图，凸显羊群，黑羊白羊错落有致相互呼应，盎然生趣，这三幅插图短小简练，非常吻合李季诗的体裁与陕北风情。

吴冠英自1982年本科毕业后，艺术修养、设计理念有很大进展，他曾参与设计2008年奥运会吉祥物"福娃"；又亲手设计了2008年残奥会吉祥物"福牛"，成绩斐然。

介绍《王贵与李香香》一书的封面、插图，是为供大家欣赏中国"原生态"艺术形式的绘画魅力。

藏书票

如果把书籍艺术比作一席丰盛美味的佳肴，那么宴席中有一碟小菜就是藏书票（EX LIBRIS）。藏书票由藏书人委托版画家、艺术设计家创作，然后印制百余张粘贴在书的扉页上。正因为它要印制一定数量，所以在印刷术尚处于"草根"时代，只有用木板、石板、铜板来刻印，它和早期书籍插图先由画家画出样

《王贵与李香香》封面及插图
吴冠英设计

藏书票［捷克］

稿再由刻匠用木板刻印相仿。木刻一般分木口木刻和木纹木刻两种：木口木刻是刻在树木的横断画上，木质坚硬，盛行于欧洲；木纹木刻是刻在树木的竖断面上，木质松柔，源于中国。

这里刊出一帧藏书票是捷克版画家很细巧地镌刻的属木口木刻，一排排线条都是用刻刀依据明暗虚实关系控制刻线的粗细疏密，行云流水，刀法流畅。在二维平面上刻出三维空间效果，要体现板痕的木味，白色无形处要用平刀把木底刨平，印制时才不至于沾污点，此藏书票中的少女面部、双乳及胴体都刻得非常浑然洒脱，蝴蝶和葡萄藤皆栩栩如生，用刀锐利如庖丁解牛般干脆利索，当今藏书票设计者都既会画又能刻，为藏书人提供藏书纪念票。书籍装帧设计者理应谙悉此小技，因为它也是为书籍服务的艺术小品。

字体设计

丸 弛 泉 邑 梁 般
爱 氣 茣 闻 残 衡
容 慢 俞 道 鹤 瓷
蚕 岩 利 嫁 豹 冠

丸 弛 泉 邑 梁 般
爱 氧 茣 闻 残 衡
容 慢 俞 道 鹤 瓷
蚕 岩 利 嫁 豹 冠

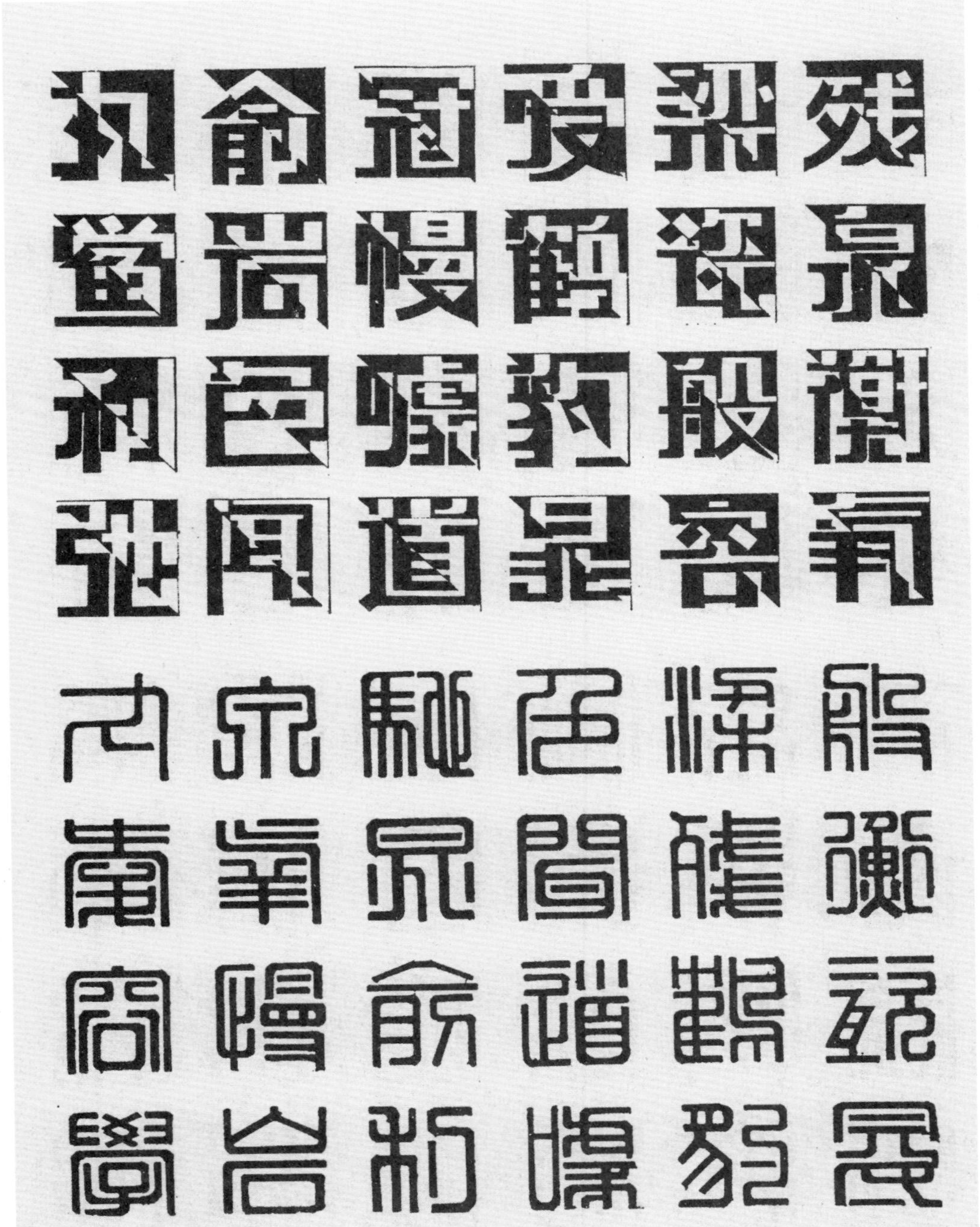

丸 俞 冠 爱 梁 残

鲎 岩 幔 鹤 瓷 泉

利 色 噱 豹 般 衡

弛 闻 道 暴 容 氧

内 宋 驰 邑 燥 能

甫 单 泉 閒 健 衡

商 喟 俞 谐 魏 珑

学 台 初 噱 貌 衰

ABCDEFG
HIJKLMNO
PQRSTUV
WXYZ 123
4567890

ABCDEFG
HIJKLUW
OPQRRST
NUWXYZ

АБВГДЕЗ
ЖИКЛМН
ОПРСТУХ
ФЦЧШШ—
ЬЫІЗЮЯ

АБВГДЕЖЗ
ИЙКЛМНО
ПРСТУФХ

Quick Brown
Fox Jomps Ov-
er The Lazy Dog

ASNOE

BANKING

ELECTRONIC

Cosmo expo

JEAN
LARCHER

FASHION
DESIGN
SCHOOL

FASHION DESIGN ·· FASHION COORDINATION
FASHION STYLIST ·· FASHION ILLUSTRATION

〔瑞士〕阿尔敏·哈夫曼 著

广告画
构成设计

Kinderverkehrsgar

书籍装帧设计
● BOOK DESIGN

封面设计

《中国历代美学文库》 吕敬人设计

《谁主鱼》
蒋宏工作室设计

《年画》《连环画》 阳光设计

《蓝印花布辣椒湖南》 合和工作室设计

《呐喊——为了中国曾经的
摇滚》 曹琦设计

《惊蛰》 闫可钦设计

《旧时月色》（封面选自丰子
恺作品）魏剑设计

《姹紫嫣红牡丹亭》 霍荣龄设计

《中国蔚县剪纸艺术》 枫然设计　　《信息安全管理手册》 张显设计　　《小红人的故事》 全子设计

《古意新声》 汪汉设计

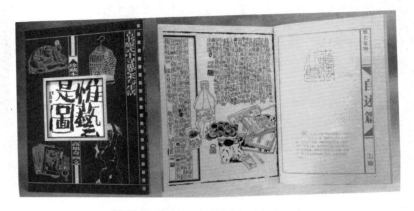

《惟艺是图》（封面与版式） 高旭奇设计

《中国美术馆民间剪纸
作品选》
中央美术学院设计

《西域无边》装帧探索实
践 清华大学美术学院
彭渺设计（获得第6届
全国装帧艺术展一等奖）

《比得兔的世界》丛书书函《汤姆小猫的故事》等 马姗姗设计

《全国第八届书法篆刻展作品集》 刘丹、李兆宇设计

《世界连环画、漫画经典》 洪佩奇设计

《武士春剪纸集》 周容设计　　　　《花流年》 张晓光设计

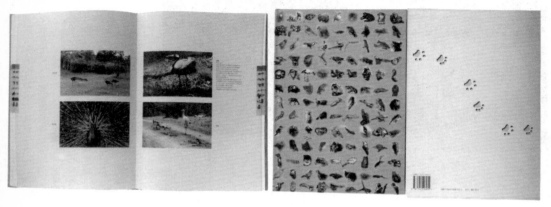

《云南野生动物》（封面与版式） 高伟、向炜设计

《丰子恺漫画全集》书函、（全集书脊画为丰子恺
漫画） 方波设计

《口供或为我叹息》、《廊下巡礼》 周容设计

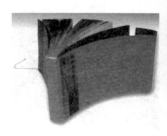

《湘西南木雕》 王子源设计

《中国高等美术学院艺术论坛》 史永平、禾嘉设计

《天文地球动力学》 史连建、华慧设计　　　《消失的宝藏》 华审视觉设计　　　《告别过去》 张达利设计

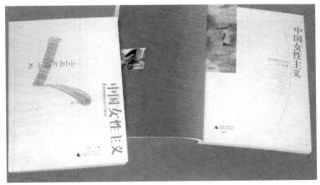

《书画传家三百年》 温州北大方印务公司设计　　　《中国女性主义》 张明、刘凛设计

《心理健康与自我调适》 邢晓梅设计　　　《英国（KU）破产法》《日本（J）公司法规范》 王际勇设计

《我负丹青》
（封面画选自吴冠中作
品） 柳泉设计

《常见病诊治要领》 王艳设计

《瓦城上空的麦田》
魏志远设计

《摄影与设计丛书》（10本）
彭年松设计

《思考与批评》
曹铀设计

《黑手党档案》
耀午书装设计

《中国生肖设计》丛书《美猴百相》《骏马百相》
黑马广告设计

《突围》丛书《面孔》《烧烤》《有糖吃》《匮乏》《我》《处女》 赵健、小明设计

《美丽的京剧》 吕敬人作 电子工业出版社

叶永烈和
他的著作

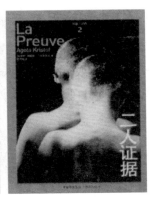

插图设计

《红楼梦》插图

《一个马掌钉》 王维钢设计

《葬礼》插图 陶健设计　　《姹紫嫣红》插图"钟馗嫁妹""醉打山门" 高马得设计

绣像与气图　赵成伟设计

《丽江风情》插图四幅　于名川设计

《汤姆·沙耶尔的冒险》
加弥尔·勒霍达克设计

《印第安人的民间传说》
弥洛斯拉夫·托洛帕设计

《斯堪特伐尼民间传说》插图
连斯莱尔设计

《天鹅湖》插图
路达弥拉·伊琳娃设计

《啤酒桶咕碌碌》插图两幅　宋成梁设计

《张守义画鲁迅》《孔乙己》《阿Q正传》 张守义设计

《都市的秘密》插图两幅
西里设计

《茶花女》插图 高燕设计

《黑马水塘与女巫》插图三幅　张健设计

《寻找宝岛》插图四幅　清华美院王蕊设计

《欧也尼·葛朗台》插图两幅　吴冠英设计

招贴设计

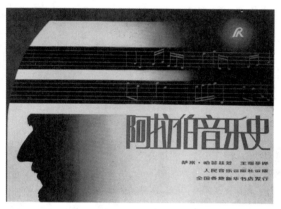

《阿拉伯音乐史》招贴　任建明设计

《家》招贴　余秉楠设计

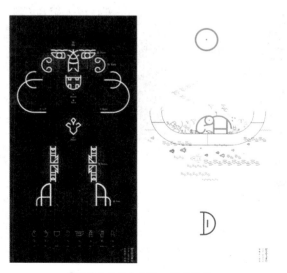

《甲骨文系列》招贴　陈楠设计

《书法大字典》　康人平设计

《非洲现代文学》 顾传喜设计

《傅雷家书》招贴 佚名

《三国志》 李萌设计

《中国国际书店图书展览》 佚名

《新英语900句》海报 佚名

藏书票设计

[1] 刘国钧.中国古代书籍史话[K].北京：中华书局，1962.

[2] 郭振华，余秉楠，章桂征.中外装帧艺术论集[J].长春：时代文艺
     出版社，1988.

[3] 伊林.书的故事[G].胡愈之，译.沈阳：辽宁教育出版社，1997.

[4] JOHN BARNICOAT. A concise history of posters [K]. New York: Oxford
     University Press, 1979.